本书由超星公司资助出版

商务印书馆（成都）有限责任公司出品

尔雅
通识
教育读本

尔雅通识教育读本丛书　第一辑

李淼　著

科幻中的物理学

创于1897
商务印书馆
The Commercial Press

图书在版编目(CIP)数据

科幻中的物理学/李淼著.—北京:商务印书馆,2019
(尔雅通识教育读本)
ISBN 978-7-100-16737-6

Ⅰ.①科…　Ⅱ.①李…　Ⅲ.①物理学—普及读物
Ⅳ.①O4-49

中国版本图书馆 CIP 数据核字(2018)第 237490 号

科幻中的物理学

李　淼　著

商 务 印 书 馆 出 版
(北京王府井大街 36 号　邮政编码 100710)
商 务 印 书 馆 发 行
山 东 临 沂 新 华 印 刷 物 流
集 团 有 限 责 任 公 司 印 制
ISBN 978-7-100-16737-6

2019 年 9 月第 1 版　　　开本 787×1092　1/16
2019 年 9 月第 1 次印刷　　印张 13
定价:48.00 元

序　言

通识教育是现代高等教育的一个有机组成部分。现代社会的一个基本特征是，社会分工越来越细，专业化程度越来越高。专业分工的好处是能够提高生产效率，拓展每个领域的研究深度。而专业分工也会导致相应的问题：专业壁垒越高，专业之间的交叉融合就越难；专业能力越是被强调，人的全面发展就越可能被忽略。面对专业化导致的问题，世界一流大学普遍采取通专融合的人才培养模式以为应对。不同国家不同高校的做法容有差别，希望从整体上拓展大学生的知识和思想视野，却是现代高等教育的共同愿景。

出版于 1945 年的《哈佛通识教育红皮书》（*General Education in a Free Society*, 1945）颇为有名，时任哈佛大学校长科南特在这本书的序言中写道："通识教育问题的核心在于自由传统和人文传统的传递。无论是单纯的信息获取，还是具体技能和才干的发展，都不能给予我们维系文明社会所必需的广泛的思想基础。……真正有价值的教育，应该在每个教育阶段都持续地向学生提供价值判断的机会，否则就达不到理想的教育目标。除非他们在生活中感受到了这些具有普遍意义的思想和理想的重要性——这些是人类生命深刻的驱动力，否则他们很可能作出盲目的判断。"科南特在这段话中特别强调，通识教育对于价值判断的思想奠基具有不可替代的作用。二战结束时出版的这本名著充分表达了科南特的担忧：仅有专业技能方面的训练，人很容易在自己的创造物中迷失——世界大战是人类集体迷失的悲剧后果。

稍早几年，面对深陷战火的同胞和山河破碎的中华大地，钱穆也说："今日国家社会所需者，通人尤重于专家。……学者不见天地之大，古今之全体，而道术将为天下裂。"（《改革大学制度议》，1940）钱穆固然知道专业人士的重要性，知道现代中国的富国强兵离不开科技人才，可他特别关心的却是中华文明的延续和中国文化的传承问题。无论科南特和钱穆对时代问题的理解有怎样的差异，在他们眼中，塑造共同的价值和接续伟大的传统，都是通识教育应该担负的责任。在他们看来，通识教育的意义绝不仅仅限于提供常识。通识教育之"通"，在于协调专业与见识，整合技能与思想，最终达到以器载道的目的。孔子在《论语》中有"君子不器"之说，即为此意。是的，青年学子需有兼济天下的家国情怀，以成其博学笃志的君子气象。

逝者如斯，不舍昼夜，人类历史翻开了新的篇章。公民精神与文化传承仍然是通识教育的核心关切，而新的时代要求也赋予了通识教育新的内涵。这个时代是鼓励创新的时代，科技、思想、文化创新层出不穷。发展创造力，是高等教育的必然关切。专业教育如此，跨学科的通识教育更要埋下创造力的种子。通识教育为年轻心灵注入的潜在的创造能量，终将在他们的人生路上被激活。我们也面临与前人一样的社会整合和文化传承的问题，但移动互联、大数据、消费主义、人工智能才是这个时代的流行符号。

理论上讲，凡能表达为形式化语言的知识都可被人工智能掌握。自有文明以来，人类第一次面临来自自己的创造物的挑战。我们尚不知道人工智能与生物智能在未来会有怎样的融合，就像不知道未来的文明会有怎样的结构和意义。正因为如此，保持并发展不会被人工智能替代的创造力，很可能是人类自我救赎的唯一道路。然而，创造就像在沼泽中行走，踩到的是无所不在的不确定性。创造是新时代的魔咒，也是人类无法回头且没有尽头的未知远征。也许有一天，人类会遭遇创造物的颠覆性创新。那个时候，机器也许会通过自己的意识推导出"我思故我在"，从而证明自己有资格与历经千百万年自然进化的人类享有对等的地位。也许，机器根本没有那样的诉求，反倒是人类有那样的诉求而不被机器所接受。也许，人类与机器能够和睦相处，并携手将人类改造成今天的我们尽最大的想象也无法理解的半人半神的样子。这些令人感到陌生、向往或恐惧的可能性，已经被各类科幻作品演绎得淋漓尽致。面对那样的未来，今天的我们应该如何作为，培养未来人才的通识教育又该如何应对？

以开放的胸襟直面人类的现实和可能的未来，符合通识教育的价值观。点燃好奇心，拓展想象力，培养超越狭小自我的对世界的真切关怀，正是通识教育的目标。在不断突破狭小自我的过程中，人成长为顶天立地的"大人"。这样的人不拒绝简单的快乐，但也不会在感官快乐中迷失。因为他们发现了比快乐更丰厚的存在样态。生命中有太多重要的东西，难以用快乐的强度或持续度衡量。这个道理容易被人的苦乐敏感性遮蔽，特别是在消费主义时代，"五色令人目盲，五音令人耳聋……难得之货令人行妨"。真正威胁今天人类的，也许不是未来的人工智能，而是即时行乐的感官主义。

过去，人类的一个重要威胁来自于自我膨胀变身为利维坦的公权力。奥威尔在《1984》的反乌托邦寓言中，描绘了以"自由即奴役""无知即力量"为真理的极权主义的荒谬。在奥威尔的世界里，黑白被模糊了，真假被混淆了，善恶被颠倒了。"老大哥"无所不在，监控着每一个人，从身体到灵魂，从现实到梦想。那个世界有不允许怀疑的绝对真理，却没有洋溢自由精神的通识教育；那个世界有定于一尊的权威和被强迫的忠诚，却没有阅读和批判性思考。也许奥威尔的世界并不是最可怕的，毕竟其中的人们还知道害怕。相比之下，赫胥黎的"美丽新世界"则更加荒谬。在那个世界里，人们只知快乐，不知其他。关键是，人们的快乐总能够通过高科技手段被满足。在赫胥黎的世界里，快乐是赤裸而真实的，人们没有动力跳出自己的世界。正因如此，我们的恐惧才大于他们的快乐。两个世界的人都不读书——奥威尔的世界无书可读，赫胥黎的世界不知有书。

　　波兹曼在他的名著《娱乐至死》中这样写道："奥威尔害怕的是那些强行禁书的人，赫胥黎担心的是失去任何禁书的理由，因为再也没有人愿意读书；奥威尔害怕的是那些剥夺我们信息的人，赫胥黎担心的是人们在信息的汪洋中变得日益被动和自私；奥威尔害怕的是真理被隐瞒，赫胥黎担心的是真理淹没在无聊烦琐之中；奥威尔害怕的是我们的文化成为受制文化，赫胥黎担心的是我们的文化成为充满感官刺激、欲望和无规则游戏的庸俗文化。……简而言之，奥威尔担心我们憎恨的东西会毁掉我们，而赫胥黎担心的是，我们将毁于我们热爱的东西。"波兹曼认为传媒不是中性的，视频技术的出现使人们沉溺于被动的观看，而不再适应主动的阅读。观看视频使人放松，因此视频里的快乐元素会越来越多。视频图像会以其丰富性窒息符号构成的想象世界，从而将阅读和思考挤出人们的日常生活。

世界将在信息爆炸的消费主义时代被娱乐化和碎片化，人们再也没有阅读的时间和思考的愿望。《娱乐至死》出版于电视流行的1985年，那时还没有智能手机。看看三十多年后的今天吧——波兹曼的担心是不是已经成为了现实？

波兹曼是一个了不起的先知，但他似乎过于乐观地在《1984》和《美丽新世界》之间作出了选择。也许，奥威尔的世界与赫胥黎的世界会在人类历史某一段扭曲的时空里发生叠加，产生只容许快乐正能量的极权主义。在那样的社会，政治正确由快乐和快乐的传播来定义。反思快乐，洞悉快乐的根源和意义的边界，在政治上是危险的。快乐的正能量就像一张无所不在的天网，监控着每一个不快乐的人。谁要试图穿透快乐的表象去捕获人性、历史和现实的真相，谁就是罪人。避免堕入快乐的恐怖主义，唯一的办法是发展慎思明辨的理性能力，并将这种能力转换为社会整合的价值基础。时代虽然不同，我们穿越回奥威尔创作《1984》的年代，看到科南特和钱穆正是从这个维度思考通识教育的目标和意义的。

出版这套"尔雅通识教育读本丛书"，就是要帮助人们通过阅读，进入那些难以用快乐来衡量的丰厚思想。"尔雅通识教育"是超星集团旗下的一个在线教育品牌，每年为数百万高校学生提供优质的在线课程。丛书编委会邀请各个领域的名师大家参与撰著，赋予这套丛书如下特色：第一，丛书作者皆为"尔雅"名师，广受学生好评，所开课程少则数万多则数十万人在线选修；第二，每一本书都配有一门在线课程，可在"学习通"App上观看，这种"一书一课"的模式属国内首创；第三，这套丛书在规划之初即考虑到全国中小学教师的阅读需求，有助于这一肩负民族未来的特殊群体增强教书育人的诗外功夫；第四，丛书作者皆为知名教授，执教于北京大学、清华大学、复旦大学、中国人民大学、中山大学、四川大学、北京师范大学、同济大学等知名学府，以大家著小书，重新定义这个时代的通识教育。

温文尔雅，读经典上下五千年；博学通识，思天地日行八万里。

是为序。

刘　苹

2019 年 6 月

目　录

第 1 章　能 量

——私享太阳？再等 200 年

人类日常生活要消耗多少能量？

未来真的会发生能源危机吗？

到底需要多少能量才能把一艘飞船送上天呢？

核电在我们全社会的能源消耗中占多大的比例呢？

这一讲的主题是能量，分三个部分。第一部分，讲人类的能量来源，以及能量守恒定律。第二部分，讲航天过程中的能量消耗，以及目前地球上使用的主要能源类型。第三部分，探讨未来的能源。

能量概述

能量的来源

我们知道，万物生长靠太阳。地球上绝大部分能量，归根结底都来自于太阳。太阳每时每刻都在发光，这些光从太阳表面放射开去，部分投入地球。太阳距离地球虽有 1.5 亿千米之遥，可它辐射到地球的能量依然巨大。

当然，地球上还有一小部分能量是来自于地球自身。太阳上发生的事情，地核的局部区域也在发生，那就是核反应。地核内部大约有几千米的区域，会产生一些能量，但这些能量只供地球内部活动使用，如地震、板块运动等。

地面以上，不管是大气环流、海洋环流，还是北风呼啸、大江东去，这些自然运动需要的能量，以及我们人类需要的能量（比如食物中的能量），归根结底还是来自于太阳。人类的食物来自于动物和植物。动物虽然也吃动物，但最终吃的还是植物；而植物的能量则是直接得自太阳——通过光合作用。所以，人类所有的活动，都要靠太阳供能。没有太阳，我们真的"玩不转"。

能源的分类

能源我们知道有很多种：太阳能、风能、化学能、核能、机械能……

太阳能刚才提到了，它是地球的能量之祖。

温度不均导致空气流动，从而产生了风。刮风的范围大了，遍及全球，又表现出一定的规律，就是所谓的大气环流。风能现在已经可以利用一部分，中国西部就建有一些利用风力发电的电厂。海水也流动，海洋也有环流，但是其中蕴藏的能量我们还没想好怎么用。

烧煤气灶，用的是化学能——煤气跟氧气剧烈反应，释放出化学能。化学能用途很广，通常用的都是化学能。

核电站用的是核能，由核裂变产生。所谓核裂变，就是大的、不稳定的原子核，裂变成较小的原子核，同时释放出一些能量。

广东省的大亚湾，以及未来的江门，都有核电站。这两座核电站一年到底能制造出多少核能来，我们后面再谈。

汽车、火车、过山车，公鸡、母鸡、战斗机，它们都能运动，运动起来就有动能，也就是机械能。

电能就不多说了，因为它脱胎于上面这些能源。发电，就是把其他能源转化成电能。

前面说了，大部分情况下，人类使用的都是化学能。当然，我们还会使用一点风能，一点点核能和太阳能。然而，在全世界范围内，用得最多的还是化学能，其他能源占比很低。

在中国，广东的情况比较特殊。那里使用的能源，约 10% 为核能，来自大亚湾核电站。大亚湾核电站发的电，有一部分供给了香港，如果不往香港输电的话，本地的核电消耗还会再多些。等到江门核电站建成，广东使用的核能就会更多了。

一些民众对核能了解不够，谈核色变。其实全无必要，新一代的核发电站是相当安全的。况且，我国大部分核电站都分布于沿海一带，那里地震少发、地质稳定，核泄漏的风险可控。沿海建核电站，还有一个好处：一旦发生事故，可以就地大量取水，引海水倒灌，扑灭事故。

能量的转换与守恒

很早以前人们就发现，所有的能量都是可以互相转换的。能量守恒，最早见于经典力学：机械能是守恒的。

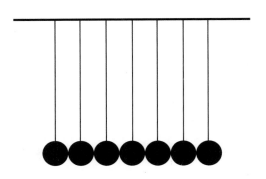

图1-1　验证机械能守恒的装置（示意图）

图 1-1 中有一排小钢球，我们假定每个球都有完美的弹性。我们将把头一枚钢球稍微拉高。由于高度上升，这枚钢球的势能随之增加——在地球的重力场中，钢球拉得越高，它的势能就越大。然后放手，让钢球自由下落，势能就转化成了动能。动能经过传递，使

另一端的钢球弹起。它弹起的速度，跟第一枚钢球落回原处的速度，大小是一样的。

为什么会产生这样的现象呢？因为动能守恒和动量守恒。

由这两个原理出发，我们很容易就可以推导出一个结论：将一枚钢球提起来再放开，是不可能引起两个或更多钢球弹起来的。

这就是经典力学里面的机械能守恒定律。在两三百年前牛顿的时代，人们就发现了这个规律。而时至今日，我们上力学课，前几节要学的，依然是势能与动能之间的相互转化。

在一百多年接近两百年前，有两个人发现，势能、动能、化学能以及其他各种能量（包括人身体里面的能量），实际上都是可以相互转化的。

这两个人中，有一个来自德国，叫迈尔，是一名医生兼物理学家。通过研究人体的能量消耗过程，他发现能量是可以互相转化的，同时也是守恒的。

当下的时代，物质极大丰富，什么都吃得到。美味的诱惑在前，发胖的烦恼在后。如何理解这个发胖呢？健康专家告诉你，男生一天不要摄入超过 2000 大卡热量，而女生最好不要超过 1800 大卡。一旦过量，多余的热量就会转化成脂肪。

1 千克脂肪对应多少热量？计算结果是，大约 8000 大卡。这就意味着，如果你每天多摄入 1000 大卡的热量，一个礼拜后你身上就会多出大约 1 千克的脂肪来。它来得那么自然，以至于你都没有丝毫察觉。就算你有所察觉，下了决心要将它甩掉，又会发现困难重重。为什么呢？因为你忍受不了挨饿。可不挨饿的话，脂肪就会留在那里。

当然，不想挨饿的话，还可以试试运动。运动减脂，也遵循着能量守恒定律。运动的时候，体内的能量就转化成了身体的动能（或者说是机械能），而体内的能量又源于体内物质分解（包括脂肪）产生的化学能。

另外一个发现能量守恒的人，是英国物理学家焦耳。这是位名人，能量的单位——焦耳——就是以他的名字命名的。他通过研究人体内的能量消耗以及其他化学能之间的转化过程，发现能量之间都是可以互相转化的，而且能量在转化前后是守恒的。

所以，我们要管住嘴，不要吃太多。贪吃的话，对不起，吃下去的每一口，都会跑到你的屁股上、大腿上、脸蛋上，特别是肚子上。我们在路上经常见到一些人，挺着个大肚子。现在你知道，这人多半是个管不住嘴的，还不懂能量守恒。

能量的度量

地球上有各种各样的能量，这些能量如何度量呢？

我们刚才讲了，发现能量守恒定律的人当中，有一个叫焦耳的英国物理学家。后来人们便用他的名字命名了能量的量度，也就是能量的基本单位。在国际标准单位制里面，能量的单位就是焦耳。

1 焦耳的能量到底是多少？其实很简单，你用 1 牛顿的力，把一个东西推开 1 米，所做的功就是 1 焦耳。

那么大家要问了，什么叫 1 牛顿的力呢？在地球上，提一个 1 千克的东西，需要的力是 9.8 牛顿，四舍五入的话，也就是 10 牛顿。你提 100 克（1 千克的十分之一）的东西，所用的力大约就是 1 牛顿。而你把这 100 克的物品，提升 1 米所用的能量，就是 1 焦耳。

这么看来，1 焦耳不大，甚至可以说很少，对吧？

我刚才说了，一个成年男子（大约 75 千克），一天只需要 2000

大卡热量。以千焦（也就是 1000 个焦耳）做单位的话，2000 大卡又是多少呢？是 8400 千焦。也就是说，1 大卡相当于 4.2 千焦。

我们把 1 千克的物体提高 1 米，仅需耗能 10 焦耳。那么 8000 多千焦是个什么概念呢？这样一想，我们每天摄入的能量，其实还挺多的。

吃 10 克东西会产生多少热量？或者说吃 10 克脂肪会产生多少热量？这些都是可以计算出来的。脂肪是大家最关心的问题。我刚才已经跟大家交代了，长 1 千克的脂肪，需要大约 8000 大卡的能量。这也是 1 千克脂肪蕴含的化学能。

物理学家考虑问题，则更为基础。在这个问题上，他们所考虑的，不是 1 千克脂肪可以转成多少能量，而是发生化学反应的时候，原子和原子之间如何互相作用、分子和分子之间如何互相转换。比如说，我把脂肪消耗了，它会变成别的什么分子；我把一块 100 克的蛋白质吃下肚，它会变成别的什么物质，同时又会产生多少能量。物理学家思考的是这种事情。

通常讲，一个简单的化学反应就是一个分子重新结合变成新的分子。这个过程要产生多少能量呢？很少，只有大约 10 电子伏特。什么是电子伏特，我们后面再讲，总之它代表的能量是非常非常微小的。

那么我们再问，在大亚湾核电站，一次核反应会产生多少能量呢？要比一次化学反应产生的能量多很多，约是后者的 10 万倍。

还有就是，比核电站产生能量效率更高的，是氢弹里面的核聚变。核聚变产生能量的效率，又要比核电站里简单的核反应，高出 10～100 倍。

这样一级一级上来，直至物质和反物质发生湮灭反应。后面我们还会讲到，物质和反物质发生反应，湮灭而化为光。我们知道光是纯能量，纯粹的能量。物质与反物质发生湮灭，变成了光，产生的能量是最多的，又比氢弹里面的核聚变反应多出 100 倍左右。

质量也是能量

我们刚才讲了，物质和反物质可以发生湮灭，从纯粹的质量转化成纯粹的能量，反应的产物是光。光是纯能量，所以质量也是能量。

这一现象是谁发现的？是爱因斯坦。他在提出相对论一年以后，也就是 1906 年，便有了这个伟大的发现。爱因斯坦没有参与制造核武器，说他是"核弹之父"，是因为制造核弹离不开他的质能方程。其实他的理论，也可以用到我们刚才说到的物质与反物质的湮灭上。他说质量也是能量，是因为质量可以转化成纯能量。

航天飞机的能量消耗

接下来说说大家可能都好奇的一些事情。

在这一讲的一开头，我就提出了一个问题：星际航行需要多少能量？现在我为大家揭晓答案。

举一个简单的例子，我们来计算一下，把一架 100 吨的航天飞机送到同步轨道上需要多少能量。

首先解释一下什么是"同步轨道"。当卫星绕地球旋转的速度，跟地球的自转速度相同，或者说它绕地球一圈也是 24 小时的时候，卫星所在的轨道就叫同步轨道。卫星在同步轨道上运行的时候，地球上的人抬头看，会以为它是静止不动的。

回到刚才的问题上来。把一架 100 吨重的航天飞机送到同步轨道上，需要多少能量呢？其实很容易计算，这只是牛顿力学一个很简单的应用。我们把航天飞机的质量乘以速度的二次方再除以 2，就得出了它的运动能量。用公式表示，就是：

$$E_k = \frac{1}{2} m v^2$$

当然了，要将航天飞机从地球发射到同步轨道上，就必须给它势能。这里，势能的问题我们暂时忽略，只算它的动能。

大家都知道，送一架航天飞机到太空中，一定是要消耗很多能量的。这些能量，一部分使它升高，另一部分使它运动。它运动的速度很快，达到了 7.9 千米 / 秒。

单看数字可能不够直观，现在我们拿它跟人类的运动速度对比一下。目前，男子 100 米的世界纪录为 9.58 秒，由牙买加选手博尔特于 2009 年 8 月 16 日在德国柏林创造。这个速度大约是 10 米 / 秒。而航天飞机需要的速度是 7.9 千米 / 秒，相当于地球上跑得最快的人的速度的 800 倍。

我们把这个数字和航天飞机的质量代入刚才的公式计算一下，就会得到航天飞机的动能。这个数值是多少呢？大约是 3 万亿焦耳。

要获得 3 万亿焦耳的能量需要多少汽油呢？我们这里援用美国的算法，以加仑为单位。

1 加仑不到 4 升，大约是 3.8 升。大约 3 万加仑的汽油烧掉才能产生 3 万亿焦耳的能量。按照现在的市价，购买这些汽油，得花 10 万～ 11 万美元。当然，考虑油价的差异，从中国买油的话，这个金额可能还要大些。

可能有人会说，发射航天飞机这么"高大上"的活动，花这点钱不算啥。为什么航天飞机纷纷退役呢？这你就有所不知了。刚才得出的仅仅是理论值，实际需要远超于此，其中很大一部分被浪费掉了。以人类现在的科技，还没办法实现百分之百的能效，或者说百分之百的能量转换。比如开汽车，我们不可能把汽油蕴含的化学能，全部转变成汽车的动能。这涉及能效问题。所以实际上，航天飞机使用的燃料，要比我们刚才计算出来的多得多，远不是 10 万美元可以解决的。

除了能效的问题，实际上，我们送航天飞机进太空的时候，烧的并不是一般飞机上烧的汽油或柴油，而是价格 10 倍于此的专用燃料。如果选用固体燃料的话，价格还会更高。

考虑到转化效率和燃料种类的因素，原本估计的 10 万美元，可能摇身一变就是 100 万美元、200 万美元，甚至更多了。

况且，我们这里计算的还仅仅是燃料的成本。现实情况下，在美国，要搞一次航天发射，燃料成本只是一方面，花在人力和其他方面的费用可能更多。

根据计算，在美国，航天飞机执行一次任务的实际成本，大约是 4.5 亿美元。这个费用就高得有些吓人了。

我们知道，美国有一台哈勃望远镜，放在空间站里。这台望远镜产生的科学成果非常多，但一开始，麻烦也不少。这台望远镜的镜子很大，直径有好几米。仔细观察的话，会发现两边的厚度略有不同。结果就没有办法正常使用了。为此，美国多次送宇航员上去维修。按每次 4.5 亿美元算，前前后后的维修费用，加起来已经远远高于望远镜的建造费用了。

美国人在这件事情上，实际上是花了冤枉钱的。建造时稍加注意，或者不用航天飞机，而改用遥控的手段维修的话，可能就不会花那么多钱了。

现在有人提出，我们中国也要发展自己的航天飞机。结合我们的国情，我估计执行一趟任务的花费，有可能会低于 1 亿美元。虽然比美国少了很多，但也还是很贵的。

物质与反物质湮灭的能量

现在很多人已经认识到，航天发射耗能巨大，成本高昂。于是有人提出，未来我们应当利用物质与反物质的湮灭反应，为航天飞机提供能量。

我们刚才已经提到了，物质和反物质湮灭，产生的能量最大，因为所有的质量都变成了能量。我们知道，原子核质量发生变化的时候，会产生能量。而在湮灭的过程中，电子的全部质量都变成了光。而一般的化学反应，只是把一点点的质量变成了能量。

那么我们来算一算，如果把物质和反物质利用起来，到底能产生多少能量。

这个时候我们就不能用焦耳做单位了，就连千焦与大卡用着也不方便。尽管1大卡相当于4200焦耳，可还是太小了。

1千克的物质全部转化成纯能量，用焦耳表示的话，这个能量的数值是多少呢？通过科学计算，我们得出一个数字，那就是 9.0×10^{16} 焦耳。

什么概念呢？把9用临近的数字10替换掉，结果就是 1.0×10^{17} 焦耳。通俗地说，就是10亿亿焦耳。

这个能量转化率是极高的，相当于化学反应的10亿倍。也就是说，你要用10亿千克的物质进行化学反应，才能获得1千克物质湮灭产生的能量。

具体到航天发射呢？我们刚才算了，发射一次需要3万亿焦耳的能量。如能造出利用物质和反物质湮灭产生动力的发动机，那么只需要一点点的物质和反物质，就能满足航天发射的能量需要了。

这"一点点"到底是多少呢？经过简单计算，便能得出结果：只需要 0.016 克物质和等量的反物质就够了。

看起来非常少，对吧？可大家也别太乐观，因为地球上没有天然的反物质。地球上有很多天然的物质，我们随手抓一把土就是物质，呼一口气也是物质，可就是没有天然的反物质。

没有现成的，我们可以人工制造，但办法只有一个，就是使用粒子加速器。那么利用这个方法，一年能生产多少呢？就算全球的加速器都开足马力，每年的产量都不到十亿分之一克。离一次发射所需的 0.016 克，差得太多太多了。

因此，用物质和反物质湮灭提供动力，暂时就不要想了。这在未来很长一段时间内都是很难实现的。这一应用，也许未来前景会很好，但目前无法实现。我们现在一年所能生产出来的反物质，跟同等质量的物质一起反应的话，产生的能量，也只相当于燃烧 10 毫升汽油。这点能量，放卫星就别想了，放孔明灯还差不多。

星际航行需要的能量

试想一下，未来，如果我们的航天器能够以接近光速的速度运动，又需要多少能量呢？

先回答一个简单的问题：将 100 千克的飞行器加速到光速的十分之一，需要多少能量？因为飞船的运动速度，只是光速的十分之一，所以用牛顿力学算出的结果，应该和用爱因斯坦的狭义相对论算出来的差不多。计算过程从略，结果是：我们只需要 250 克物质，外加 250 克反物质，所产生的能量，就可以把 100 千克的飞行器加速到光速的十分之一。

换一个假设的条件，如果我们希望飞行器以接近光速运动呢？

或者再具体一点，我们要把 100 千克的飞行器加速到光速的 99%，需要多少物质和反物质呢？经过计算，我们得到一个不得了的数字。它不是刚才的几倍，而是几百倍：这种情况下，我们需要的物质和反物质达到了 300 千克，比飞船自身的质量还要大很多。

由此可知，在相对论的理论框架下，我们永远不可能以光速运动，只能慢慢接近光速。因为以光速运动所消耗的能量，远远超出了现阶段人类所能承受的极限。

耗能与文明的层级

核能应用

先来看看中国的能源消耗总量。还以大亚湾核电站为例，计算一下它每年的产能，再看中国一年消耗的能量，需要多少个大亚湾核电站供给。

大亚湾核电站位于广东省，离广州很近。它每年的发电量是多少呢？全负荷运转的话，产生的功率基本上就是 200 万千瓦。

先解释下瓦这个概念。前面说了，1 焦耳就是把 100 克重的东西提升 1 米所消耗的能量。而每秒钟产生 1 焦耳能量，就是 1 瓦。比如说，灯泡上写着"40 W"，是什么意思呢？意思是，它每秒耗电 40 焦耳。而实际往往远不止这个数字。我们现在用的 LED 灯要好一点，因为它的效率高。通常白炽灯的效率是不高的，额定功率为 40 瓦的灯泡，每秒实际耗电可不止 40 焦耳。

大亚湾的发电功率是 200 万千瓦，也就是说每秒钟能产生 200 万千焦的能量。加上岭澳核电站，总共就是 600 万千瓦。1 分钟等于

60 秒，1 小时等于 60 分，1 天等于 24 小时，1 年等于 365 天。我们算一算一年能发多少电。结果怪吓人的，大约是 20 亿亿焦耳。

我们刚才计算了 1 千克的物质和 1 千克的反物质湮灭产生的能量，差不多就是这个数——20 亿亿焦耳。

如果现在真的有 1 千克反物质就太好了，只要拿它跟 1 千克物质湮灭，就能产生这么多能量。只可惜，我们实际上还生产不出多少反物质来。

可即便是 20 亿亿焦耳这么巨大的能量，离把中国的国民经济整体推动起来，也还差得很远。中国一年消耗的能量，全部加起来大约是 3000 亿亿焦耳——不只是电，还包括整个国家运行所需的其他能量。

如果整个国家都用核电的话，我们把大亚湾、岭澳合二为一，看作一家，经过简单的计算，可以得出：我们需要 150 家这种规模的核电站。

我刚才说了，大亚湾、岭澳两个核电站每年产出的电量，相当于 1 千克物质和 1 千克反物质湮灭产生的能量。1 千克物质或反物质所蕴含的能量就是 10 亿亿焦耳。

那么全国一年需要多少反物质呢？我们一年消耗 3000 亿亿焦耳的能量，就需要 150 千克反物质再加 150 千克物质。

我们现在当然没有那么多反物质了。前面已经说过，要利用反物质为整个国家供能，路还很漫长。

顺便提一下美国的耗能情况。美国的人口只有中国的四分之一，能耗却是中国的 4 倍。美国之所以不愿意签署应对全球变暖的条约，是因为它耗能最多，向大气里排放的二氧化碳也最多。签这些条约于自己不利，责任太重，还被捆绑了手脚。大气、二氧化碳方面的话题，我们放在本书最后一章讲。

人类文明的层级

展望一下我们人类今后的文明情况吧。

很多年前，也就是 20 世纪 60 年代，有一个苏联天文学家叫尼古拉·卡尔达肖夫。他提出一套分类方法，通常称为卡尔达肖夫分类——也有叫它卡尔达肖夫—萨根分类的，因为萨根在这方面也做了一些工作。

我们现在依据卡尔达肖夫的分类标准，审视一下地球文明，看它究竟处在什么样的水平上。

根据卡尔达肖夫分类，文明不光是人类文明，还包括外星人的文明，甚至是其他什么形式的文明。他将文明分成三级。

处于第一级的，称为一类文明，可以控制整颗行星的能源，即控制整颗行星所有的能量形式。

二类文明，可以控制整颗恒星的能源。我们生活在太阳系，就是要控制太阳辐射出的全部能量——因为太阳系的能源，主要来自于太阳辐射。至于太阳的能量是多少，我们待会儿会讲到。

三类文明比二类更进一步，可以控制整条银河系的能源，或者是文明所在的其他星系的全部能源。这个级别可了不得。

一种文明究竟处在何种级别，是可以算出来的。为此，卡尔·萨根还给出了一个公式。这方面，我们待会儿再讲。

假定我们人类达到了二类文明，可以使用太阳辐射的全部能量，那意味着什么呢？

太阳辐射分两种。一种是电磁辐射，也就是光，包括红外、紫外、可见光。另一种是中微子辐射。这两类辐射的能量相当。然而中微子的能量几乎没有办法利用，因为中微子几乎不跟物质反应，它可以轻松地穿过地球。我们要使用中微子携带的能量，是几乎不可能的，能使用的，只是太阳辐射中光的部分。

那么太阳光的能量有多少呢？这儿有个数据：$3.86×10^{26}$ 瓦。这个数字不好直接用亿来表示，非要这么用的话，就是 386 亿亿亿瓦。这些能量并不会全部辐射到地球上，到达地球的能量只是其中极小一部分，却也高达 $1.74×10^{17}$ 瓦。

中国一年耗能约 3000 亿亿焦耳，而美国更多，大约是中国的 4 倍。目前，中国的能耗占全球的十分之一。除美国之外，就数中国最多。

我们可以根据中国的能耗及其全球占比，推算出全球的能耗，大约是 $1.0×10^{13}$ 瓦，也就是 10 万亿瓦。

10 万亿瓦还不到太阳辐射到地球的能量的万分之一。

换句话说，目前人类活动所用的能量，仅占太阳赐予我们的万分之一。我们的能耗还要再提高 1 万倍，才能把到达地球的太阳能量全部消耗掉。

按照卡尔达肖夫的文明分类标准，只有我们把太阳给予的能量全部消耗掉，人类文明才够得上一类文明。等而上之，把太阳所有的能量消耗掉，而不只是消耗掉到达地球的那一小部分，才够得上二类文明。而银河系里有大约 2000 亿颗"太阳"，只有把这 2000 亿颗恒星的能量全部消耗掉，才是三类文明。

美国天文学家、康奈尔大学天文学教授卡尔·萨根用这样一个公式，将三级文明统一了起来：

$$K = \frac{\log_{10} P - 6}{10}$$

也就是说，不管一类、二类还是三类文明，都适用这个公式。

目前全球的耗能规模是 1.0×10^{13} 瓦，或者说 10 万亿瓦。代入上面的公式，可以算出目前的人类文明仅为 0.7 级。就是说还没有达到一类。要达到一类，人类的耗能就得再提高 1 万倍。

想一想，300 年前，工业革命尚未兴起，人类还处于农业文明阶段，全世界绝大多数的人，要么耕种，要么放牧。那时的文明等级是多少呢？也就在 0.4 ~ 0.5，比我们现在低了 0.2 个级别。

我们刚才提到过，太阳辐射到地球上的能量大约是 1.74×10^{17} 瓦。但是由于大气的过滤作用，还有地球的反射作用，其实这个能量并不会被地球全部吸收。而且大气必须消耗能量，才能把地球温度维持在冰点以上，否则人类怕是要被冻死。真正作用于地面的能量只有 3.2×10^{16} 瓦。这才是一类文明真正可以利用的能量。可不能把太阳照到地球上的能量全部用掉，那样的话大气将会冷却，地球也就不适合人类生存了。

将来真把这 3.2×10^{16} 瓦能量全部用上的话，我们的能耗，大约就是现在的 3000 倍。这就意味着，我们只要在现在的基础上，把能耗提高 3000 倍，就达到一类文明的标准了。

我们刚才谈到，在卡尔达肖夫的分类中，还有二类文明，就是把太阳的电磁辐射全部用上——前面已经说了，是 3.86×10^{26} 瓦。这是个巨大的数字！这么多的能量要怎么用呢？

20 世纪五六十年代，普林斯顿高等研究院的美籍英裔物理学家弗里曼·戴森教授，想到一个方案。他提出，我们能不能在以地球轨道半径为半径，建造一个巨大的球，把整个太阳包起来，从而将太阳辐射出来的所有能量全部捕获？这样一来，我们就有可能把整个太阳的能量利用起来，从而迈入二类文明行列。

据我估计，别说目前做不到，100 年后也做不到。想要实现这个计划，我乐观些估计，最少也要等上 200 年。

之所以说 200 年，而不说 100 年、300 年或是 3000 年，是有科学依据的。

前段时间，天文学家发现很远的地方，天鹅座的方向，有一颗恒星的亮度老在变，而且是红外的亮度在变。于是物理学家、天文学家纷纷猜测，在那个地方，是不是有外星人已经达到了二类文明，能够把恒星的能量全部利用起来了？后来发现不是这样的。因利用能量而发生的亮度变化，和自然发生的亮度变化，是不一样的。而根据对这个恒星的观测，我们发现这种变化属于自然变化，跟外星人没关系。

前文说，200 年后人类或许能够进入二类文明，届时，整个太阳的能量将尽为我所用。

为什么说是 200 年呢？且听我道来。

我们知道，人类在地球上生活，已有 20 万年。而农业文明的发端，距今却只有 1 万年左右，顶多不过 2 万年。在这个过程中，人类驯化了一些植物和动物，并且发现只有少数的植物和动物能够被人类驯化。此后，农业文明便一直存续，又过了 5000 ～ 10 000 年，终于发生了第一次工业革命。

我们需要能量，不只为了维持生命活力：工作需要能量，夏天开空调需要能量，出门开车也需要能量……结合研究数据，我们将农业社会的人均能耗设定为 250 瓦，然后我们假定每发生一次工业革命，人均能耗增加一倍。那么，如果人口不变，一次工业革命后，文明等级便要提高0.03。而实际上，由于工业革命导致生产效率提高，地球因此可以养活更多的人口。再假设每经过一次革命，人口也增加一倍的话，最终算下来，一次工业革命便能将人类文明等级拉高0.06。

人类经历了3次工业革命，文明等级便提高了约0.2。既然我们已经计算出来，目前的人类文明为0.7级，反推回去，农业社会的人类文明等级大约就处于0.4～0.5。

有了上面的数据，我们就可以算出来，要达到卡尔达肖夫的一类文明标准，我们大约还需要5次工业革命。相比以往，工业革命的周期变短了。根据最乐观的估计，如果一次工业革命的酝酿期是10年到20年的话，5次工业革命，就需要50年到100年。如果酝酿一次工业革命需要30年的时间，要达到一类文明就需要150年。所以我最乐观的估计是50年，最悲观的估计是150年。到了那个时候，人类就可以把太阳辐射到地球的能量全部利用起来了。

不只是太阳照到地球上的能量，人类迟早会制造出戴森球，把整个太阳的能量都给利用起来。那时，我们就达到了二类文明。按照刚才的算法，我们还需要大约22次工业革命。按最乐观的估计，每次工业革命需要10年，那么我们就还需要200年才能达到二类文明。当然，这是最乐观的估计，如果一次工业革命需要30年时间的话，要达到二类文明就还需要600年。

也就是说，人类在200年到600年之后，才有可能建造戴森球，把整个太阳包起来。

接下来看看人类在微观领域的进展。在这个层面上同样能够窥见人类文明的进阶路径。

能量提升的标志，是粒子能量的提升。将粒子能量提升一个数量级，大约需要多长时间？从过去上百年的经验中，我们可以大致得出一个结论：粒子能量每提高一个数量级，大约需要 20 年。

人类现阶段所能理解的终极能量，就是把一个基本粒子加速到它要变成黑洞的能量。这个能量无法超越，再大的话，粒子就会变成黑洞。这不可能。我们将这个能量命名为普朗克能量。距离把一个粒子加速到普朗克能量，目前还差了 14 ～ 15 个量级。

如果前 100 年的经验依然适用，那么粒子能量每提升一个量级，大约需要 20 年时间。由此可知，人类要取得终极能量，还需要等 300 年左右。两种算法的结果是差不多的。

所以我们可以期待一下，三四个世纪以后，人类文明可以发展到极致，取得极为辉煌的成就。目前为止，我们还没对三类文明——也就是利用整个星系的能源这回事展开讨论。实现三类文明的时间，我是没有办法估计的，只有寄希望于科学进一步突破了。

第 2 章 熵

——时间比等待更长

什么是熵?

我们生活中的哪些现象与熵有关?

熵的变化能否循环往复?

很多数人都知道熵的概念，却不理解这个概念的含义。这一讲就是要告诉大家，熵究竟是什么。此讲分三部分。第一部分介绍熵的定义以及日常生活中与之有关的现象。第二部分解释熵是如何变化的。第三部分讨论熵的变化究竟是单向的还是循环往复的。

熵的定义

熵，是物理学中最重要的概念之一，重要性仅次于能量。

我们经常看到——特别是在科幻作品里面——一些现实中不容易看到的神奇景象，情如《哈利·波特》里面的魔棒。魔棒一指，就有神奇的事情发生：指着一潭水，潭水立马结冰。指着一个乱糟糟的房间，房间旋即恢复秩序：散落一地的纸张飞到桌子上，变回一本书；乱扔的衣物跑到衣柜里面，叠放得整整齐齐；摔碎的花瓶可以复整，打破的镜子可以重圆……这些景象，现实世界里会发生吗？问题的答案，全在一个"熵"字。

什么是熵？熵度量系统的混乱度。我们在这儿看到两个系统（见图 2-1）。先说第一个系统。右图中所有的分子聚集在箱子一角，左图中的分子则遍布于箱子的每一个角落。那么毫无疑问，所有分子聚集在箱子一角的情况，较为有序——换句话说就是，熵比较小；而箱子里遍布分子的情况，则较为混乱——换句话说就是，熵比较大。

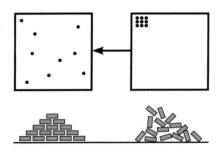

图2-1　系统的混乱度示意图

再说第二个系统。我们看到的是一摞砖。一摞砖砌成墙，它是有序的，每块砖怎么放都是有讲究的。这个时候，系统的熵就很小。接下来我们把这些砖打散，胡乱堆成一堆。这个时候，哪块砖在哪儿就很难说了。系统变得混乱，熵也随之增大。

熵就是这么一个概念，1854年由克劳修斯首次提出。

前面提到的，无论是一潭水变成冰，还是混乱的房间变得有序，都是从无序到有序，从熵大到熵小的过程。那么我们要问，这种事情会发生吗？答案是：基本上不可能。因为违反了物理学定律。

日常生活中，我们经常遇到这种情况：握着一根金属棒在煤气灶上烧，要不了多久，金属棒会把煤气那边的热量传到手上。这叫热传导，也就是热量的传递。热量的传递，通常是从温度高的地方传向温度低的地方。假设有两个水杯，一个杯子放热水，一个杯子放凉水。两个杯子远远分开的话，什么事也不会发生。可一旦靠在一起，再用一枚U形金属棒连通的话，很快两杯水的温度就会趋于相同——温度高的变低，温度低的变高。这也是热传导。

推而广之，可以得出一个结论：世界是趋于平衡的，趋近于大家的温度变成一样高。就是说，热量只会从温度高的地方向低的地方传，从来不会颠倒方向。这是热力学第二定律的一个体现。

另外一个例子是：一杯溶液，一边浓度低，一边浓度高。大家会发现，溶剂分子总是从浓度高的地方向浓度低的地方扩散。与热传导过程类似，这是扩散过程。一个生活中常见的例子是：滴一滴墨水到一杯水里面。刚开始的时候，水面附近的墨水浓度很高，不多一会儿，你会发现整杯水都变成了墨水，且浓度均匀。

这一切都告诉我们，任其自然的话，系统会朝着混乱度增大的方向发展。一滴墨水集中在一个地方的时候，它是比较有序的，可以准确地说出这滴墨水在哪儿；而经过扩散，发展到整个杯子都有墨水的时候，就不好说它到底在哪儿了。这个时候，它的混乱度就比较大，用克劳修斯的话说，就是熵比较大。孤立系统永远是熵增的，它的混乱度趋于变大。这就是热力学第二定律。

回顾一下《哈利·波特》里面的场景：用魔棒将潭水变成冰。本来这潭水的温度跟空气一样高，想让它变成冰，周围的空气就要吸收它的热量。结果就是，空气温度升高，而潭水温度降低。这意味着热量要是从温度低的地方向温度高的地方传导，跟正常的热传导过程刚好相反，违反了热力学第二定律。根据热力学第二定律，这种情况永远不会发生。——难道就没有一丁点的可能？理论上是有的，但需要很长很长的时间。具体有多长，咱们后面再说。

看一个有些"好吃"的例子：将鸡蛋打碎，放进锅里煎，就做出了好吃的煎鸡蛋。而相反的过程——煎熟的鸡蛋变成生鸡蛋，回到鸡蛋壳里，变成一颗完整的鸡蛋——则不会发生。这同样违反热力学第二定律。在《哈利·波特》里面，我们看到家具在魔棒的指引下，归回原位；装饰品打碎了，书撕碎了，都在空中自行复原，落回到书架上。所有这一切都违反热力学第二定律。这种事情不是说绝对不会发生，但可以说基本上不会发生。

熵减与熵增

为什么说生活中基本上不会发生熵减的现象呢？我们通过计算回答这个问题。

19世纪，克劳修斯等人提出熵这个概念的时候，使用的计算熵的方式非常简单，即熵的变化，等于系统吸收的热量除以温度：

$$\mathrm{d}S = \frac{\mathrm{d}Q}{T}$$

当然了，这个过程中，温度也要发生变化，所以这个公式只能用来计算吸收一点热量时熵的变化。如果吸收的热量太多，温度变化太大的话，就要用到微积分，计算上比较复杂，这里就不展开说了。

利用上面的公式，我们可以计算一下，1千克冰熔化熵增是多少。1千克冰的熔化热大约是 3.34×10^5 焦耳。要注意的是，一般说冰熔化时的温度是0度，说的是摄氏温度，但上述公式用的却是绝对温度。计算时需要进行换算。

这个过程，吸收热量 3.34×10^5 J，温度为 273 K。代入公式即可求出熵的变化来。计算出来，熵变约为 1.23×10^3 J/K。

我们前面说过了，只有温度更低的东西介入，水才能变成冰。因为水必须把它的热量传导到温度比它低的东西上去。一般来说，水变成冰是因为空气的温度比较低，水把它的热量传给了空气。换句话说，冰雪现象发生之前，空气的温度是要低于冰和雪的温度的。

所谓热力学第二定律，其实还有一个微观的表述。这是 19 世纪的一位物理学家玻尔兹曼提出的。玻尔兹曼一生致力于用微观解释宏观，他认为，如果把冰、水、空气及其他各种东西都看作是分子、原子的集合，那么这些微观粒子的混乱度其实也可以用熵表示。这个理论也有对应的公式。

为了得到这个公式，他先引入了一个常数 k，也就是后来所说的玻尔兹曼常数。这个常数和我们选取的熵的单位有关。然后，他考虑一个系统——比如说一杯水——里面有多少分子和原子。原则上，每个分子和原子的速度和体积都是固定的。把所有的分子和原子的速度、体积都乘起来，得到一个量，称为相空间体积，用 Ω 表示。再把 Ω 取对数，乘以刚才提到的玻尔兹曼常数，就是熵了：

$$S = k \ln \Omega$$

我们前面计算出来的熔化 1 千克的冰的熵增值，看起来并不是很大，可如果从微观的层面上分析，引起的变化却是非常巨大的。熵每增加一点，都会给相空间体积带来非常大的变化。当然，实际计算的时候因为取了对数，得到的数值倒不至于太大。

我们通过两个例子，看看熵具体是怎么变化的。

先看第一个例子。如图 2-2 所示，有一个盒子，均分为二，盒子里面有一个粒子。

图2-2　装了一个粒子的盒子

当粒子固定处在盒子一侧的时候，它占的体积就是整个盒子体积的一半。当粒子的位置不固定，可以出现在盒子里任何位置的时候，它占的体积就是整个盒子的体积。根据我们的公式，这个粒子在两种情况下的熵的差，可以表示为：

$$S_2 - S_1 = k \ln \frac{V_2}{V_1} = k \ln 2$$

还可以把单粒子的情况推广到多粒子。假设有 n 个粒子，熵就增大到 n 倍。由此可知，熵是可加的，这也是玻尔兹曼给相空间取对数的原因。

$$S_2 - S_1 = k \ln \frac{V_2^n}{V_1^n} = nk \ln 2$$

在热力学里面，熵确实是可加的。也就是说，把一个系统分成很多个部分，各个部分的熵的和，与这个系统总的熵是相等的。

再说第二个例子。如图 2-3 所示，假设一开始的时候，其中一个粒子的初始速度为 v，另外一个粒子的初速度为 2 倍的 v。

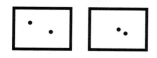

图2-3　装了两个粒子的盒子

很明显，这两个粒子是不平衡的：一个跑得快，一个跑得慢。如果在某个时刻，它们发生了碰撞，那么根据能量守恒定律，它们将达到平衡，变得速度大小相同。我们可以计算出来，这两个粒子运动一样快的时候，熵其实是增大了的。用公式来表示，就是：

$$v_1 = v_2 = \sqrt{\frac{5}{2}}\,v$$

当然在这里，我们假定这个速度只有一个维度。如果有三个维度的话，还要再乘以 3。

上面举的两个例子，第一个说的是扩散——粒子本来处在箱子的一侧，而发展为占据整个箱子；第二个说的是热传导——热量从温度高的地方向温度低的地方传导。一个体系温度较高，分子或原子的运动速度就会比较快，另一个系统温度较低，分子或原子的运动速度就比较慢。后因热传导，两个体系达到了平衡。这两个例子都从微观层面上解释了热力学第二定律。

熵的概念正式提出于 19 世纪，而在这之前，人们早已有所察觉。例如 13 世纪的时候，有一位很著名的神学家兼哲学家叫托马斯·阿奎那。他说：结果不可能比原因更强。这句话虽然没有指向具体的物理现象，也不是严格意义上的科学的表述，但它的思想内涵却与熵增的观念不谋而合。

彭加莱回归

我们提到了《哈利·波特》电影中的一些魔法，也说了这些情况基本上不可能在现实中发生。然而理论上的可能性却是存在的，尽管很小。

实际上，《哈利·波特》中的魔幻场景，学术上有个专门的说法，叫作"彭加莱回归"。根据热力学第二定律，一个特殊状态下的系统总是变得越来越混乱。然而，有没有可能经过足够长的时间，这个系统又恢复了原先的状态？就像我们前面提到的，煎好的鸡蛋，有没有可能变回生鸡蛋？打碎的鸡蛋有没有可能变回完整的鸡蛋？这种逆向的转变，就叫彭加莱回归。

如果这个宇宙是无始无终的，那么从理论上来说，只要时间足够长，打碎的鸡蛋也是有可能复原的。

然而，"足够长"究竟是多长呢？量子力学可以给出明确的答案。后面还有专文讲解量子力学，这里先简要说一说。

比如说，我们现在有两个同样的盒子，如图2-4所示，右边的盒子分成两半，而左边保持原样。

图2-4　保持原样的盒子和分成两半的盒子

如果我们把一个粒子放在右边这个箱子的一侧，那么这个粒子状态就比较特殊。因为我们可以明确地说出这个粒子在哪一侧、不在哪一侧。如果粒子是在左边这个箱子里，我们就不知道它处于箱子的什么位置了。这就是一个非特殊状态。

一个粒子从非特殊状态进入特殊状态，需要的时间很长，而从特殊状态进入非特殊状态，则是一眨眼的事情。具体到上面的例子就是，从右边的状态进入左边的状态很容易，而从左边的状态进入右边的状态则很难。

这还是单粒子的情况，如果存在多个粒子的话，让这些粒子都从左边的状态进入右边的状态，难度就会更大，耗时也就会更长。一个粒子从特殊状态进入非特殊状态需要的时间，我们设为 T，从非特殊状态进入特殊状态需要时间，设为 $2T$。那么存在两个粒子的时候，它们都从非特殊状态进入特殊状态，需要的时间就会增加一倍，达到了 $4T$。以此类推，三个粒子的时候就会达到 $8T$，N 个粒子的时候，就会达到 $2^N T$。

前面提到的《哈利·波特》的例子以及鸡蛋的例子，都是宏观事件。体系中的粒子数量 N 极其巨大，而 N 又处在指数的位置上，最终的结果几乎是不可想象的——哪怕 T 仅为一亿分之一秒，总的时间仍然是一个天文数字。

假设系统的熵为 S，再假设这个熵已经除掉玻尔兹曼常数，或者说通过除掉玻尔兹曼常数，拿掉了熵的单位以后，这个体系的状态

数是 e^S，也就是：

$$N = e^S$$

接下来，我们就可以利用这个公式，计算从高熵状态到低熵状态需要的时间了。依然假定粒子从非特殊状态到特殊状态需要的时间是 $2T$，那么总的时间就是：

$$t = e^{S_1 - S_2} T$$

据此，我们计算一下 1 千克的水转化成冰究竟需要多长时间。

首先计算 e 的指数。我们要把熵的量纲拿掉。前面算过了，把 1 千克的冰变成水的熵变约为 1.23×10^3 J/K。把玻尔兹曼除掉，就得到了一个无量纲的熵值。玻尔兹曼常数约为 $1.380\,648\,52 \times 10^{-23}$ J/K。用前面算出来的熵值除以玻尔兹曼常数，结果是 8.9×10^{25}。

由此，我们得出了计算时间长度的算式为：

$$t = e^{8.9 \times 10^{25}} T$$

从这个算式我们可以看出，其实 T 是多长时间已经不重要了——无论是 1 秒还是一亿分之一秒。因为 e 的指数过于庞大，庞大到难以想象。25 个 0 已经是非常长的一串了，更何况又处在指数的位置上！

一般认为宇宙已经存在了 137 亿年。多么漫长的时间啊，可跟上面的 T 比起来，也是小巫见大巫。可以说，这种现象不仅人类没有见识过，宇宙中多半也没有发生过。

所以说，虽然理论上哈利·波特可以把水瞬间变成冰，煎过的鸡蛋也能变回完整的生鸡蛋，但是我们等不起，也等不到。时间比等待更长。时间的漫长性，决定了现象的不可能性。

第 **3** 章 万有引力

砸在牛顿头上的苹果为什么会导致万有引力的发现？

万有引力是否会影响物种的演化？

万有引力是如何影响人类的生存环境的？

这一讲的主题是万有引力，分两部分。第一部分解释什么是万有引力以及万有引力常数。第二部分讨论万有引力对生物和自然环境的影响。

万有引力与万有引力常数

有一个著名的故事，相信大家或详或简都听过。但是鉴于这个故事对于此讲意义重大，我还是给大家完整地复述一遍。

牛顿年轻的时候，在剑桥大学读书遭遇瘟疫，为了避难，只好躲回乡下老家。有一天，他坐在家里的苹果树下思考问题——物理问题还是数学问题，抑或是神学问题，我们现在已无从知晓。突然，一只熟透的苹果从树上掉下，砸中牛顿的脑袋。被砸中脑袋的牛顿突然之间开悟，得出结论：世间万物都有重量，它们的重量都源于地球的吸引。此后，牛顿经过一番研究，终于发现了万有引力定律，并给出了计算公式：

$$F = G\,\frac{m_1 m_2}{r^2}$$

这一定律看起来很简单，大意是，万有引力与两个物体的质量成正比，与它们之间的距离的二次方成反比。公式中的正比系数，就是著名的万有引力常数。

万有引力常数是怎么来的呢？

地球是个大家伙，具体有多大，很难用数字表示，硬是要说的话，差不多就是 6.0×10^{24} 千克。地球的重心——也就是地球的球心——到地表的平均距离，约为 6371 千米。用这两个数据，就可以把万有引力常数算出来。

计算万有引力常数说难也不难。只要测出地球的质量和半径，再测出地球上的重力加速度，就可以利用下面的公式，反推出万有引力常数来：

$$g = \frac{GM}{r^2}$$

重力加速度我们都知道，约为 9.8 米 / 秒 ^{2}。将相关数据代入公式即可算出，万有引力常数为 $6.67 \times 10^{-11} \, \mathrm{m^3/(kg \cdot s^2)}$。在国际单位制中，万有引力常数的量纲是比较复杂的，叠加了长度、时间和质量的量纲——具体来说，就是米的三次方除以千克，再除以秒的二次方。

我们刚才讲这个方法，是利用地球质量、地球半径和重力加速度，倒推出万有引力常数来。除此之外，还有另外一种办法，就是在实验室里进行实测。

最早实施测量的人叫卡文迪许。他最早进行测量是在 1797 年，距离牛顿发现万有引力已经过去将近一个世纪。巧合的是，跟牛顿一样，卡文迪许也是剑桥大学的教授。

万有引力特别微弱，地球质量高达 6.0×10^{24} 千克，对我们人体也只产生区区几十千克的吸引力。用普通物体测量万有引力常数是非常困难的，牛顿那个时代的人还找不到有效的测量办法，只能倒推。

后来，卡文迪许发明了扭摆测量法，对万有引力进行了测量。他的方法是，把两个重物悬挂在一根扭丝上面。这根扭丝非常非常细，即使施加非常微弱的力，它也能够感知。卡文迪许就是运用这么一个道具，测量出了万有引力常数。

比如现在有两个质量。本来没有万有引力的时候，这两个质量是平衡的，扭丝不动。我们找到扭丝上不动的一点，把它标记为零点。然后拿一个物体靠近这两个质量中的一个。由于万有引力，物体会对质量产生吸引，从而导致扭丝稍微扰动。只要扭丝动了一点，就会产生一个扭矩。通过测量这个扭矩，就可以测出万有引力常数来。

卡文迪许测出的万有引力常数，跟我们前面倒推出来的结果是一致的，也是 6.67×10^{-11} m^3/（kg·s^2）。两个多世纪过去了，虽然万有引力常数测得比以前准了，但还不是特别精确，只提高了 1% 的量级，把后面的两个小数测出来了——测出的第四位小数还不是特别精确，新得出的第三位小数，倒是比较精确了。

万有引力常数的重要性是不言而喻的，毕竟在宇宙里面，万有引力无处不在。有了太阳的万有引力，整个太阳系才会运转，"八大行星"才会绕着太阳转。有了地球的万有引力，月亮才会绕着地球转。可能很多人没有意识到，但是实际上，月亮的存在对于地球是非常重要的。地球的季节稳定、温度稳定，如果没有月亮的话，都是不可能的。月亮对于地球上多数的生物同样是不可或缺的。我们都应该感谢万有引力。

我们还可以在更大的尺度上打量万有引力。靠着万有引力，宇宙才能维系，银河系才能维系，银河系里数以千亿量级的恒星及其他星系才能维系。

万有引力很微弱，非精密仪器不能测量；万有引力很重要，它无处不在，聚合万物。

万有引力的影响

下面我们通过几个例子，探讨一下万有引力与生物和地球环境之间的关系。

人的行走速度

第一个例子跟我们日常走路有关。

首先问大家一个问题：你会计算人类在地球上行走的速度吗？可能大多数人首先想到的，都是先测出走一定的距离所耗费的时间，然后做一个简单的除法，从而计算出行走速度。这倒是个办法。可如果问第二个问题：你能算出人类在月球或火星上行走的速度吗？很显然，你不能跑到月球上、火星上去测量，刚才那个方法不灵了。

这个时候，你就要利用物理学的原理了。处理这个问题，关键在于万有引力。人类行走的速度，等于重力加速度乘以人腿的长度，再开根号。公式如下：

$$v = \sqrt{Lg}$$

地球上的重力加速度约为 10 米 / 秒，人腿的长度约为 1 米，代入公式，得到的结果是：人在地球上行走的速度为 3 米 / 秒多点。这一结果跟实际是吻合的——当然，跟人类的竞走纪录比，还是慢了一点。人类的竞走记录是 4.35 米 / 秒。

回到第二个问题：如何计算人在月亮上或火星上行走的速度？上面的公式同样适用。我们以火星为例。火星上的重力加速度只相当于地球上的 0.38 倍，所以人在火星上行走要慢许多。我们把 0.38 开根号，可以算出，人类在火星上行走的速度是地球上的 0.6 倍。用同样的方法可以算出人类在月球上行走的速度，约为地球上的 0.4 倍。通过视频资料我们发现，宇航员登上月亮后走路的速度确实变慢了。

生物体的大小

通过第二个例子，我们讲一讲生物的体积与万有引力之间的关系。

怪物是科幻作品的重要主题。人们总幻想着外星球上存在各种各样的怪物，其中一些甚至还会"不远万里"跑到地球上来。

那么问题来了：这些大大小小的怪物，身体比例合理吗？或者说，这些怪物真的能够存在吗？

问题的关键也在万有引力上。这个问题说的是，这些怪物在它们各自星球的重力场中是不是有点太重了？如果太重的话，它们的骨架就支撑不了自己的身体。换个说法就是，我们这里讨论的，是特定星球上生物最大可以长到多大的问题。

粗略地看,一个生物要能承受自身重量,它的高度就要跟它的截面积保持某种比例关系。确切地说就是,截面的半径跟高度的$\frac{5}{4}$次方成正比。公式如下:

$$r \sim L^{\frac{5}{4}}$$

这就是为什么我们看到科幻电影里面,那些怪物通常是很粗壮的。因为它越高,就必须越粗壮,不然的话,就会被自身重量压垮。

当然,在地球生物身上,我们也可以发现这个规律:大象、河马这些大个子,都长得非常敦实。

生物的呼吸频率

同样地,利用万有引力的知识,我们也可以计算出动物每秒钟呼吸多少次。

首先,我们引进一个物理量,叫代谢率。我们在第 1 章讲能量的时候,提到过一个人一天至少需要多少能量。维持身体最基础的运作所需要的能量,称为基础代谢率,也就是通常所说的新陈代谢,用 N 表示。

一个人的代谢率与其体积是成正比的。体积越大,消耗的能量就越多,这是显而易见的。同时,这个代谢率也跟我们的呼吸频率有关。呼吸得越快,代谢得就越快。

因此很容易得出结论,代谢率不仅跟体积成正比,也跟呼吸频率成正比。

我们把呼吸频率记作 R,体积记作 M。

代谢率 N 和体积 M、呼吸频率 R 成正比。这个关系用公式表示就是：

$$N \sim M \times R$$

另外还有一个定律叫作克莱伯定律。这个定律反映的，是呼吸频率和体重之间的关系。克莱伯定律指出，呼吸频率跟体重的 $\frac{3}{4}$ 次方成正比。

$$R \sim M^{\frac{3}{4}}$$

我们把克莱伯定律引入前面的公式，就得到了一个新的公式：呼吸频率跟体重的 $-\frac{1}{4}$ 次方成反比，而代谢率则跟体重的 $\frac{3}{4}$ 次方成正比。

$$R \sim \frac{M^{\frac{3}{4}}}{M} = M^{-\frac{1}{4}}$$

从这个公式我们可以看出，体重越大的动物，呼吸频率就越低。

刚才我们得出的都是成正比的公式，没有一个绝对的公式。那么如何给出一个绝对的公式呢？

用千克作为体重单位的话，那个呼吸频率和体重的 $-\frac{1}{4}$ 次方成正比的公式，前面的正比系数为 0.89。而那个 $-\frac{1}{4}$ 次方，也不再是 $-\frac{1}{4}$ 次方，而是 -0.26 次方。这也就是通常所说的斯塔尔公式：

$$R = 0.89 \left(\frac{M}{\text{kg}} \right)^{-0.26}$$

假设一个人的体重是 60 千克，代入公式计算一下，就可以得出：这个人大约 3 秒钟呼吸一次。换作另外一个人，体重较大，那么他呼吸得就要慢一些。

动物跟人一样，也遵循这一定律。比如，地球上最大的动物——严格说是体重最大的动物是蓝鲸。它的体重可以达到 200 吨，比一架航天飞机还重。我们把这个数字代入到斯塔尔公式计算一下，发现蓝鲸差不多 27 秒才呼吸一次。可真够"沉得住气"的。

鸟类

前面举的都是地上走的、水里游的动物，讨论了这类动物的体重与身高之间的关系，以及与代谢率、呼吸频率之间的关系。紧接着我们看看天上飞的动物，看看它们身上有没有什么与万有引力有关的有趣话题。

动物或者飞机在飞行的时候，贝努利定律起着非常重要的作用。

这个定律说的是什么呢？它说，一个东西飞行时的升力跟它速度 v 的二次方成正比，跟它迎着飞行方向的截面积 A 成正比，还跟空气的密度 ρ 成正比。

$$F = \frac{1}{2}\rho A v^2$$

同时，计算飞行阻力也有这么一个类似的公式。但是严格讲，阻力前面的系数要修改一下。不过我们这里先计算一下升力。

我们把这个公式用到鸟类身上，就可以算出鸟类的最低飞行速度。原理很简单，我们利用这个公式，可以得出一个升力的数值。把这个升力设定为鸟的体重，就可以把最低的飞行速度给算出来。飞行是需要一定速度的，飞得太慢，产生的升力不够，无法支撑自身的重量，就会从天上掉下来。

对上述公式进行变形，就可以得到计算最低飞行速度的公式：

$$v = \sqrt{\frac{2Mg}{\rho A}}$$

举个例子。一只麻雀，体重 50 克，翼展 14 厘米，翼宽为 7 厘米。代入上面的公式可以算出，麻雀飞行的最低速度是 7 米 / 秒。低于这个速度的话，它就会掉下来。

我们再来计算一个科幻作品中的鸟类的最低飞行速度。

在《阿凡达》中，最大的斑溪兽叫 Toruk。我们假定它体重是 2 吨，单翅的面积为 250 平方米。

据此可以算出，斑溪兽 Toruk 的最低飞行速度为 9 米 / 秒。当然，我们这里是假定潘多拉星球上空气的密度，跟地球上空气的密度相同。空气密度有变化的话，最低飞行速度也会发生变化。

此外，还有第二个克莱伯定律。这个定律是说，飞行的动物的升力跟速度的二次方成正比，阻力也跟速度的二次方成正比，同时跟体长的二次方成正比。注意，是体长的二次方，不是翅膀的面积。

$$F \sim \rho L^2 v^2$$

另外，我们还可以算出鸟飞行时做功的大小。力乘以速度就是一只鸟的飞行功率，代入到刚才的公式，就是：

$$P = Fv \sim \rho L^2 v^3$$

从这个公式可以看出，鸟飞行的功率跟空气的密度成正比，跟它体长的二次方以及飞行速度的三次方也成正比。

我们刚才已经推导出了计算鸟类最小飞行速度的公式。把那个公式代入我们刚得出的飞行功率公式，就可以得出：鸟的飞行功率跟它体长的 $\frac{7}{2}$ 次方成正比。如果我们再把体长的三次方跟体重成正比这个因素考虑进来，那么鸟的飞行功率就跟它体重的 $\frac{7}{6}$ 次方成正比。这就意味着，鸟的飞行功率几乎是跟体重成正比的。

$$P \sim L^{\frac{7}{2}} \sim M^{\frac{7}{6}}$$

由此可以看出，鸟的体重越大飞行需要做的功就越多。

克莱伯定律又指出，动物的代谢率是固定的，跟体重的 $\frac{3}{4}$ 次方成正比。我们前面算过了，呼吸频率跟体重的 $-\frac{1}{4}$ 次方成正比。因此，代谢率就跟体重的 $\frac{3}{4}$ 次方成正比。

由此可以看出，代谢率和飞行功率是不一样的。要这两个数值差不多相等是比较难的，代谢率是要低于飞行所需要的功率的。因此，动物体重越大，就越飞不起来。

中国传说中的龙，如果真有传说的那么大，是飞不动的，更别说腾云驾雾了。因为代谢率跟不上它的飞行功率。

潮汐

下面我们来介绍一下潮汐。潮汐也是万有引力作用的体现。

住在海边的人，每天都会经历两次潮涨潮落。这两次潮涨潮落是什么导致的呢？其实早在牛顿的时代，人们就已经发现，地球上的潮涨潮落跟月亮有关。由于万有引力的作用,月亮吸引着地球上的一切物体。

地球正对着月亮的这一面,受到的万有引力要大一些。而地球上看不到月亮的那一面,受到的万有引力就要小很多。所以,地球受到的来自月亮的万有引力,是一边大、一边小的。很明显,受到月球引力大的地方会更向着月亮的方向移动,而受到月球引力小的地方,由于离心力增大,反而会背着月亮移动。总的效果就是,在地球跟月亮的中心连线上,海水被拉伸了。但由于海水的体积是守恒的,既然地球和月球中心连线上的海水被拉伸,那么垂直于月亮和地球中心连线方向的海水就会减少,于是便形成了梨状的海水分布。被拉伸的地方就潮涨,而海水减少了的地方就潮落。

通过这个分析,我相信大家都已经很明白,一天的两次潮涨和两次潮落,全是因为海水受到了月球万有引力的影响。

由此引出另外一个问题:潮水涨落的幅度该如何计算?

其实这个计算并不困难,关键是算出两个力以及这两个力的差值。一个力是当海水正对着月亮的时候,它受到的来自于月球的万有引力。而另一个力,就是地球背对着月亮那一面的海水所受到的来自于月球的万有引力。第二个力要比前一个小得多,因为距离上多出了一个地球的直径来。

利用万有引力公式很容易就能算出这两个引力的差值来:

$$a = \frac{2\Delta r G M}{R^3}$$

但算出 a 的数值并不是我们的最终目的,最终目的是计算出 a 导致的潮涨的幅度。

有一个现象大家一定都知道，就是每天涨潮的幅度可能略有差异。潮涨的幅度跟 a 一定是成正比的。因为涨潮是由于万有引力的影响，所以 a 越大，潮涨幅度就会越大。可这个正比系数是多少呢？这时我们就要把另外一个参数——重力加速度拉进来，由此产生一个没有量纲、只跟重力加速度之差有关的一个量。具体说就是，把刚才得出的 a，也就是月球场的重力加速度之差，除以地球引力场产生的重力加速度。由此就得到了一个无量纲的量。但是我们得到的这个无量纲的量，还不是我们要算的潮涨的高度，要再乘以一个带量纲的距离。这个距离量纲不是别的，只能是地球的半径。也就是说，潮涨的高度 Δh 等于 a 除以地球场的重力加速度 g，再乘以 Δr（也就是地球的半径）。

$$\Delta h = \frac{a}{g}\Delta r$$

这个是很简单的一个公式。我们把这个公式再变一变，就可以得出下面的公式：

$$a = 2g\frac{M_{\text{moon}}}{M_{\oplus}}\left(\frac{R_{\oplus}}{R}\right)^3$$

我们把这个公式代入前面的公式，就可以算出 a 除以 g 等于 1.327×10^{-7}。这个数值非常小。然后再把地球的半径代进去一算，就得出了潮涨的高度。

这么算下来，潮涨的平均幅度应该是 0.85 米，差不多 1 米。这跟我们的日常经验是基本吻合的。

当然这不是一个普遍有效的公式。为什么呢？因为它的前提假设是海洋覆盖了整个地球表面，没考虑到海岸的因素。

如果把海岸考虑进来呢？情况就复杂得多了。潮涨潮落的幅度跟海岸的形状有很大的关系。如果海岸线非常曲折，单靠这个简单的公式，就没办法计算了。

世界上潮差最大的地方，是加拿大的芬地湾。在那个地方，最大的潮差可以达到 11.7 米，相当于 4 层楼的高度。另外我国的钱塘潮也是出了名地大。因为受到了杭州湾的影响，钱塘潮的潮差可以达到将近 9 米。

这两个地方的潮差，都远大于我们用公式计算出来的 1 米的理论值。原因非常简单，这两个地方都呈壶口状。潮水灌入壶口之后，因为水的体积（或者说总量）是守恒的，随着壶口越来越小，潮水只能越涨越高。这两个地方，壶口最窄处跟最宽处都差了 10 倍以上。

类似的场景，在科幻作品中也不少见。比如著名科幻电影《星际穿越》，就有让人窒息的潮涌片段。

电影中，宇航员穿过虫洞靠近黑洞的时候，黑洞边缘上有一颗星，上面覆盖着浅浅的一层水。水深不足 1 米，没不了人。但是这颗星距离黑洞太近，在黑洞强大引力的作用下，潮汐运动异常剧烈。这个在影片中有非常细致的描述，潮汐力所引起的巨浪袭来的时候，我们可以真切地感受到它的高度——至少在 1 千米以上。在如此巨浪面前，地球上的普通人类是不堪一击的。

第 **4** 章 宇宙的尺度

——比邻在天涯

地球究竟有多大?

太阳到地球有多远?

如何实现跨星系旅行?

此讲分两部分。第一部分，先讲一讲地球有多大、太阳系有多大、宇宙有多大，再看我们有没有可能旅行到宇宙的尽头。第二部分，我们一起开个脑洞，讨论一下众多科幻作品都提到过的虫洞、小宇宙等是否真实存在。

星球的大小与间距

先来看几个跟地球有关的数据。

地球的半径我们之前提到过，约为 6300 千米。假设地球的截面是一个正圆形，那么利用我们中学时就学过的圆周计算公式，很容易算出地球最大横截面的周长来。

$$C = 2\pi r$$

把数据代进去，算出地球最大横截面的周长约为 40 076 千米。

这是怎样一个距离呢？

我们以飞行速度最快的客机为例，回答这个问题。

当前最快的客机，时速约为 1120 千米，绕着地球飞一圈，要飞将近 36 个小时，差不多就是一天半的时间。

我们引入另外一个速度，来说明地球的周长。

大家都应该听过，天文学上有一个著名的概念叫第三宇宙速度，指的是一艘飞船摆脱太阳的万有引力飞出太阳系所需的最小速度。

这个速度很好理解。要脱离太阳的万有引力，飞船因速度而具有的动能，必须足够抵消它在太阳重力场中飞行积累的势能。只有这样，飞船才能飞到距离太阳无限远的地方去。之所以说是距离太阳无限远的地方，是因为离太阳无限远的地方就无所谓太阳的势能了，有的只是动能。假定在这个过程中动能全部消耗，也就是说，在距离太阳无限远的地方，飞船的动能与势能之和等于 0。因此，因为能量守恒，飞船处在太阳引力场中的时候，它的动能加上势能也必然等于 0。据此，我们可以推算出第三宇宙速度约为 16.7 千米 / 秒。

我们以第三宇宙速度旅行，环绕地球赤道一周，需要 15 分钟。

再举个例子。

我们知道光跑得非常快，约为 30 万千米 / 秒。以光速绕行地球一周，仅需 0.13 秒。

通过这三个例子，对于地球的大小，相信大家已经有了直观的认知。

地球的大小搞清了，太阳呢？

太阳要比地球大得多。太阳最大横截面的周长约为 400 万千米。

刚才已经计算出来了，地球最大横截面的周长约为 4 万千米，而太阳最大横截面的周长约为 400 万千米。二者相差约 100 倍。地球上最快的客机绕太阳飞一圈，大约要飞 163 天——几乎就是半年的时间。

相较于地球，太阳体积大，质量大，因此万有引力就大。万有引力大意味着，想要摆脱太阳的万有引力，必须具有非常高的初始速度。换言之，太阳的逃逸速度非常高。我们知道，地球的逃逸速度约为 11.2 千米 / 秒。而太阳的逃逸速度则在 600 千米 / 秒以上。用这个速度绕太阳一周，耗时约为 2 个小时。

即便是光，绕太阳一周，依然需要 14 秒钟。

那么太阳距离宇宙其他地方都有多远呢？

太阳到地球的平均距离是 14 960 万千米。这就意味着，太阳表面发出一束光，照到地球上需要 499 秒——也就是 8 分 19 秒。光从太阳表面射到太阳系最外侧的行星——海王星，需要 4 个多小时。而光从太阳表面射到位于太阳系边缘的奥尔特星云，则需要一年时间。换句话说，太阳到太阳系边缘的距离就是一光年，或者说太阳系的半径就是一光年。

我们再往远了看。离太阳系最近的恒星叫比邻星，它与太阳的距离约为 4.2 光年。从太阳到银河系的中心，距离差不多是 3.2 万光年。注意，不是 3.2 光年，而是 3.2 万光年。这是很可怕的一个数字。要知道，我们人类有文字记载的历史，都还没有 3.2 万年。也就是说，在人类刚用文字记载历史的时候太阳发出的光，至今还没有到达银河系的中心。可以想象银河系该有多大。

银河系既然这么大，我们就要问了：如果造出一艘飞船，可以接近光速飞行，要用一年时间（以飞船上的时钟为准）从地球飞到银河系中心，这艘飞船需要多大的动能？

假定从地球到银河系中心要一年到达，那么这艘飞船的速度跟光速只能相差 20 亿分之一。而这个时候飞船需要的动能就是飞船质量所含能量的 20 亿倍。在这个倍数下面，飞船本身的质量几乎是可以忽略不计的了。飞船几乎以光速在运动的时候，它需要的能量几乎是不可思议的。举例来说，如果我们给这艘飞船设一个质量值，就假定它只有 10 吨，那么这艘飞船要达到我们要求的速度，就需要 200 亿吨能量。200 亿吨的话就是很大一座山了。

再做一个假设。我们的宇宙现在是不断膨胀的。假设我们可以像拍照一样，突然让它静止下来，如果一艘飞船要在一年之内（仍以飞船上的时钟为准）飞到宇宙的尽头，需要多少能量呢？

我们现在根据宇宙大爆炸这个模型，估计出来的宇宙的半径大约有 410 亿光年。刚才说了，如果宇宙是静止不动的，那么我们的飞船要在一年之内飞 400 亿光年的距离，它的速度就只能与光速相差 3×10^{-22} 那么小。这几乎完全就是光速了。这个时候，1 吨的飞船需要的能量相当于 3.5 千米高的山峰。也就是我们要把 3.5 千米高的山峰蕴含的所有能量都给这艘飞船才能使它达到我们预期的速度。

纳须弥于芥子

刚才讲了很多宏观上的距离，下面再讲讲如何将宇宙放到一个很小的东西里面去——纳须弥于芥子。这本是佛家的一个说法，讲的是以须弥山之高广，也可收入小小一颗芥子之中。

这个说法看似不可思议，但爱因斯坦告诉我们，我们不仅可以把须弥山放进一粒种子里面，甚至可以把整个银河系放进一只瓶子里面。

科幻电影《黑衣人》里面有一只猫，猫的项链下面坠着一个小瓶子，瓶子里装着的是整个星系。怎么做到的呢？怎么才能把那么大的一个东西，塞进那么小的一个东西里面呢？

这个瓶子其实就是虫洞的入口。刚进虫洞时，空间并不大，但是越深入，空间就越大。大家看到，电影《星际穿越》里面，土星附近浮着一个圆球一样的东西，那就是虫洞入口。从这个入口进去，就会发现里面别有洞天。那是一个新的宇宙。

瓶子只是一个入口，人进去以后一直走，会来到一个出口。出口连着一个新的宇宙。透过瓶子看到的银河系，其实是在新的宇宙里面的。

根据爱因斯坦的万有引力理论，二维的、三维的虫洞都有可能存在，只是存在的条件极为苛刻。究竟如何制造虫洞呢？爱因斯坦给出了答案：需要负能量。

在地球上，我们目前只能通过卡西米尔效应制造出一点点负能量——很少很少的一点。

我们不考虑负能量的来源，只是计算一下，要造出一个大可容人的虫洞，到底需要多少负能量。

这需要用到爱因斯坦的理论。但因为他的理论太过复杂，我们这里只好满足于"窥豹一斑"了。

爱因斯坦指出，空间的曲率与能量的密度成正比。比如说，地球重力场产生的空间的曲率，跟地球附近的能量密度（5 g/cm³）成正比。正比系数与万有引力常数及光速相关。

我们暂且忽略这个正比系数，只看空间曲率和能量密度。

假定某个空间弯了一下，弯的尺度为 L。根据曲率定义，空间曲率跟弯的长度的二次方成反比。

$$空间曲率 \sim \frac{1}{L^2}$$

我们假定，弯的尺度跟某个天体或者能量体的尺度相当。就是说，我们要造出一个虫洞，用到的负能量的大小是 M，我们期望这个虫洞的入口半径是 L。那么我们就可以拿能量除以虫洞的体积，算出能量的密度来。

$$能量密度 \sim \frac{M}{L^3}$$

到这一步，空间曲率和能量密度就都有了。

而我们刚提到的正比系数的量纲，毫无疑问应该是长度除上质量。为什么呢？因为这两个量一个是长度量纲的二次方的倒数，一个是质量乘以长度三次方的倒数，这里面差了一个质量除以 L。因此正比系数必须是长度除上质量。

而正比系数是可以测出来了的。我们有两个物理学常数，一个是万有引力常数，一个是光速。万有引力常数我们前面提到过，为 6.67×10^{-11} 国际单位制。这里的"国际单位制"就是米的三次方除以千克除以秒的二次方。因此万有引力常数的量纲就出来了，是长度的三次方除以质量除上时间的二次方。

$$G \sim \frac{L^3}{(MT^2)}$$

另外，要算出来 L 除以 M 等于多少，我们还需要光速。把光速拉进来，可以看出，万有引力常数除以光速的二次方就是这个量纲。

因此，我们就得到了一个很简单的公式：空间曲率正比于能量密度。正比系数是万有引力常数除以光速的二次方。

$$\frac{q}{c^2} \sim \frac{L}{M}$$

在国际单位制里面，万有引力常数除以光速的二次方，得数是非常小的，只有 1.0×10^{-27}，单位是米／千克。

$$\frac{q}{c^2} \approx 1.0\times10^{-27}\,\mathrm{m/kg}$$

这就意味着，我们拿一定密度的东西来产生空间曲率是很难的，因为它前面的系数非常非常小。由此我们知道，空间是很难弯曲的。

有了这个结果，我们就可以计算产生黑洞或虫洞这样的天体时的空间曲率了。

另外一个重要的因素是什么呢？我们知道，质量和产生的空间曲率的长度成正比。这个正比系数非常巨大。如果质量用千克做单位，长度用米做单位的话，系数计算出来应为 1.0×10^{27}。就是说，要产生 1 米长的弯曲的天体，需要的质量是 1.0×10^{27} 千克。这样表述可能不够直观。举个例子，地球的质量约为 5.96×10^{24} 千克，还远远不够。

从这个公式的比例关系我们可以看出，黑洞质量越大，它的弯曲半径就越大。每产生 1 米长的弯曲的天体，就需要 1.0×10^{27} 千克的质量，需要产生像电影《星际穿越》那种约为 100 米长的弯曲的天体，就需要 1.0×10^{29} 千克的负能量。这相当于太阳质量的二十分之一，却比我们的地球大了 2 万倍。如果要产生更大的——比如 2 千米长的弯曲的天体呢？就需要太阳那么大质量的负能量了。

结合第 1 章的内容，归总一句话就是：想要实现《银河帝国》里面的超空间跃迁，我们就需要达到三类文明并找到相对应的负能量——甚至是三类以上的文明，因为我们要把多出的这部分正能量给负能量。

第 5 章 时间

——没有空间就没有时间

时间的单位是如何定义的?

我们究竟能不能造出时光机?

时间是否有开端? 是否有尽头?

这一讲，我们讨论与时间有关的话题，不涉及非常抽象、非常深奥的理论。本讲分两部分。第一部分讲时间的度量，并解释为什么我们把 1 秒钟定义为 1 秒钟。第二部分讲相对论中的时间概念，顺便聊一聊很多人都关心的时光机的话题。最后从哲学的角度简单探讨一下时间的含义——自古至今，这个话题一直很热门。

时间的度量

　　小的时候，很多人都觉得时间难以理解，不知大家是否也有同感？时间跟空间不一样。空间感觉上是一个看得见的东西。既然看得见，就能估算出它的大小，还可以用工具进行精确测量。从某种程度上说，我们触摸测量空间的工具就是触摸空间。

　　而时间则完全不同。我们看不到时间，也没办法触摸。虽然可以用各种各样的钟表来计量时间，但是钟表是循环往复的，看表看不到具体的时间，摸表也无助于理解时间。

　　时间确实是一个比较抽象的物理学概念。但抽象不代表不能被定义。刚才提到用钟表计量时间，其实就是对时间进行定义。

　　人类最早是以天体的运动来定义时间的。比如说，地球绕着太阳转一圈就是一年——人类在不知道或不承认地球绕着太阳转的时候，四季一轮回就是一年。同样地，月亮绕着地球转一圈是一个月——准确地说是 27 天多一点。还有，从日出到日落再到日出，是一天。日出日落跟地球自转有关。人类最早是用这些周期性的运动来定义时间的。

有了钟表，人们就能够对时间进行更为精确地定义了。我们可以精准确定时、分、秒这些时间单位的具体长度，甚至可以用周期更短——也就是频率更高的运动，来定义比 1 秒更短的时间。

前面说过，地球自转导致太阳升起—落下—再升起，如此一个循环就是一天。说得更准确些，1 天大约是 24 小时，1 小时为 60 分钟，而 1 分钟又等于 60 秒钟。当然，在某些场合下，秒已经不够用了，我们要计量的时间有时候比 1 秒还要短。例如，我们可能都接触过石英钟。现在市面上卖的石英钟一天走下来误差是非常小的，要远小于一秒钟，比大部分机械表都要准。石英钟走一天的误差就不好用秒来度量了。

既然说到这儿了，我们就来看一下石英钟为什么会这么准。

石英钟同样利用了周期性的运动。石英钟里面的石英，形状固定，大小固定，因而振荡频率也是固定的。这个频率是按照二进位切出来的。石英钟的振荡频率为每秒 1.0×2^{15} 次。石英钟采用二进制计时，所以它的误差一定是在二进制里面出现问题。也就是说，它的误差在万分之一到十万分之一之间，也就是一天一秒钟左右。如此看来，石英钟真的很准。

石英钟的原理其实很简单，就是用电子装置把石英的振荡给记录下来。

由上面的分析可知，想把时间测量得更精准，就要用到振荡频率更高的东西。石英钟可以精确到万分之一到十万分之一，想要达到百万分之一、亿分之一，1.0×2^{15} 的频率显然就不够了，必须更高。

比石英钟更准的，也就是机芯振荡频率更高的，是原子钟。现在用得比较多的是铯原子钟。相比石英，铯原子发光的频率更高，用来计时准确度也就更高。

我们看看铯原子到底能振多快。

1967 年的时候，国际计量局规定，铯 133 两个能级之间的跃迁频率是 9 192 631 770 赫兹，也就是说铯 133 一秒钟要振荡 9 192 631 770 次。

由此便明确了 1 秒钟到底有多长。不事先规定一个具体的频率，自然也就无法定义什么是 1 秒钟。现在我们知道，铯线振荡 9 192 631 770 次就是 1 秒钟。

据此制成的时钟，成了当时最精准的时钟。

当然，原子钟也在不断地改进，改进后的原子钟，准确度已经提高了好几个量级。现在，国内外很多研究冷原子的人，都把大部分精力花在研制更为精准的原子钟上。

为什么要研制更为精确的原子钟呢？因为原子钟有很多重要的用途。

例如，精密测量，通常测的就是时间以及长度。把时间和长度测得更加准确，就有可能把其他很多物理量和物理学常数测得更加精确。测准了物理学常数，才能更好地研究物理学规律。所以，精密测量是非常重要的，更为准确的时钟也是非常重要的。

相对论与时间

光速、时间与距离

从相对论的角度看，时间和长度有何关系？

其实，我们是可以用时间来定义空间的。时间测准了，空间也就测准了。为什么呢？因为在爱因斯坦的相对论里，最重要的假设就是光速不变。不论光源如何运动，也不论观测者如何运动，光速永远不变。这是在著名的迈克尔逊实验中得到验证的。

何谓迈克尔逊实验？那是一个多世纪以前，用干涉实验完成的一项验证。具体说来就是，地球虽然一直在运动，但顺着地球运动的方向测出来的光速，跟垂直于地球运动的方向测出来的光速，没有任何差异。由此证明，光速确实是不变的。

根据一般的常识，如果光速是可变的，那光速沿着地球运动的方向，肯定是比垂直于地球的方向要快。但是迈克尔逊实验告诉我们，两者之间并没有差别，大小完全一样。

这是非常重要的。一旦证明了光速不变，我们就可以利用光速来定义距离。

前面讲了，用原子钟把时间测准了，那么时间乘以光速就是这段时间里光跑的距离。光速不变，它是一个常数：

$$c = 299\ 792\ 458\ \text{m}\,/\,\text{s}$$

这就是国际计量单位组织规定的光速。按照这样一个定义，光在一秒钟里跑的距离就是 299 792 458 米。既然时间已经测准了，光速又是定义出来了，即便不在计量局里面放一把非常完美的 1 米长的金属尺子，也是可以知道 1 米到底是多长的。

1983 年，国际计量大会把光速定义成 299 792 458 米 / 秒，也就是说 1 米就是光在 1/299 792 458 秒内跑过的距离。这就把米的概念完全说清楚了。我们刚才讲到的石英钟，大约有十万分之一的偏差。如果时间可以精确到 1.0×10^{-15}——也就是一千万亿分之一，距离同样也可以精确到一千万亿分之一。这也就是说，1 米可以精确到 1 个费米——相当于一个质子、一个原子核的半径。这就比在计量局里放的那个标准尺还要"标准"很多了。

知道光速不变，我们就可以用这个原理制造光钟：只要在光钟里面放两个反射镜，并保证这两个反射镜之间的距离固定，那么光在两个镜面之间跑一个来回所用的时间也必然是固定的。

光钟无论是动还是不动，它定义出来的时间都是不变的，由此可以推导出爱因斯坦狭义相对论里面的一个重要结论：当一个东西跑起来的时候，它的钟会变慢。或者说，当一个钟跑起来的时候它自己会变慢。

光钟跑起来会变慢，原因很简单。当它跑起来的时候，我们在某个位置静止观察，光实际上跑的距离更远。因为当光从一个反射镜放出来的时候，另外一个反射镜已经跑了一定的距离，光实际上是跑了一个斜线，而这个斜线要比垂直线长。而由于光速不变，所以需要跑更长的时间。（见图5-1）

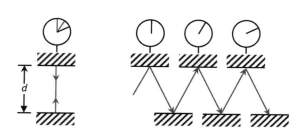

图5-1　运动的光钟（示意图）

然而，所谓"跑更长时间"，是相对于静止不动的观察者而言的。假设我们将光在光钟中跑一个来回所用的时间定义为1秒，光钟显示的依然是1秒，可在观察者那儿已经不止1秒了。因此可以说光钟变慢了。形象点说，假设光跑一个来回光钟的秒针动一下，当光钟的秒针动了一下，而观察者那里的秒针却动了不止一下的话，就意味着光钟变慢了。

变慢的规律实际上是可以用理论推导的，但是因为太过复杂，这里就不展开讲了。一句话，光钟变慢的情况可以用下面的公式描述：

单程距离：$\sqrt{d^2 + v^2 \left(\dfrac{T}{2}\right)^2}$

$$周期: T = \frac{2\sqrt{d^2 + v^2\left(\frac{T}{2}\right)^2}}{2} = \sqrt{t^2 + T^2\frac{v^2}{c^2}} \quad 或 \quad T = \frac{t}{\sqrt{1 - \frac{v^2}{c^2}}}$$

这个公式是说，光钟跑了 1 秒，在静止的观察者看来，其实不止1 秒，相当于在 1 秒的基础上除以一个小于 1 的数。这个小于 1 的数，是 1 减去光钟的速度的二次方除以光速的二次方，再开个根号。

这是一个著名的狭义相对论公式，大家有兴趣的话可以试着推导一下。

双生子佯谬

时间变慢也会导致另外一个问题，就是所谓的"双生子佯谬"。这个"佯谬"到底谬不谬呢？限定词"佯"的意思是假，假谬不是谬。

打个比方来说，假如爱因斯坦有个双胞胎兄弟，在爱因斯坦高中毕业的时候跟他分开，坐上一艘以光速行驶的飞船，旅行若干年后返航归来。这时，爱因斯坦已经身在普林斯顿，变成了个老头，可是他的兄弟却依然年轻，比高中毕业时老不了多少。

为什么呢？因为爱因斯坦兄弟的时钟变慢了，身体里面的生物钟也变慢了，所以老得慢。

这是所谓的"双生子佯谬"。

这不是单纯的理论猜测，已经得到了相关实验的支持。比如，科学家把原子钟放进太空站，一段时间后取回。太空站离地球较远，受到来自地球的万有引力相对较小。仔细观察会发现，这个到过太空站的时钟变快了。虽然跟双生子佯谬所描述的情况相反，却证实了万有引力可以让时间发生改变。原因暂时不讲。

时光穿越

经常有人问：时光穿越是怎么回事？很多科幻作品都有时光穿越的设想：坐上时光机，穿越到秦朝、唐朝、宋朝、明朝、清朝去。

根据爱因斯坦相对论，时光穿越可能吗？

可能。实现的方式有两种。

第一种是超光速运动。我在《〈三体〉中的物理学》一书中举过一个例子：坐上一艘超光速飞船，从地球所在的太阳系飞往比邻星。由于飞船超光速运行，飞到比邻星并不需要多长时间。其实我到的是比邻星的过去，再从比邻星飞回来，回到的是地球的过去。这就是以超光速回到过去的办法：先到另外一个地方的过去，再从另外一个地方的过去飞回到地球的过去。

原理其实很简单，可以从狭义相对论推导出来。想回到过去，就要以超光速飞一圈回来。这跟双生子佯谬有点类似。以接近光速飞一圈回来，发现地球上的人变老了，实际上是到了地球的未来。换句话说，以接近光速运动可以去到未来，以超光速运动则可以回到过去。

以这种方式实现时光穿越，最重要的条件是超光速运动。

还有第二种方式：利用我们上一讲提到的虫洞。

以图 5-2 为例，上方的口位于北京，下方的口位于南京。我们首先从北京去往南京。紧接着，我们想办法将位于南京的口加速一下再减速，然后放回去。根据相对论，把它放回去的时候其实已经是未来了，比如说 10 年后。这时，如果旅行者从这个口进来，就相当于从未来进去，那么当他从北京口出来的时候，就回到相对于那个未来的过去。

图5-2 通过虫洞实现时空穿越

只要想办法让虫洞的一端先到达未来，然后从虫洞未来这一端进入虫洞，再从虫洞的另一端出来，就能回到过去。相当于说，虫洞一端是未来，另一端是过去。第二种办法倒也不难，需要虫洞以及接近光速运动两个条件。

现在问题来了。大家都知道《星际迷航》里面有个著名的企业号，我们在最近上映的电影《星际迷航3：超越星辰》中会再次见到这艘飞船。企业号以超光速运动有没有回到过去呢？如果它以超光速从我们的太阳系飞到另外一个星系，然后再以超光速从那个星系回来，会回到我们的过去吗？为什么这个情况没有发生呢？

对于这个问题，我也觉得好奇，想知道编剧会做何解释。

形而上的时间

量子时序保护原理

我们刚才谈到了回到过去的方法，也提到了前往未来的方法。

但是，如果人类真的能够穿越时光，尤其是回到过去，就可能会产生一个悖论，叫"祖父悖论"。大家也许听说过，这个悖论是说，假定一个人回到过去，碰到了小时候的祖父。如果这个人把未来发生的事件告诉他的祖父，比如一些很不幸的事件，那么他的祖父就有可能改变策略。比如说，祖父如果不结婚，就没有这个人的父亲，没有这个人的父亲就没有这个人。于是悖论就产生了。换句话说，一个人从未来回到过去，会破坏某种因果关系。怎么办呢？

答案就在量子时序保护原理。

这个原理有两种可能性，一种可能性就是让你回不到过去。我们刚才说了，如果能实现超光速，或者能利用虫洞，就可以回到过去。量子时序保护原理的第一种可能性，就是不让虫洞在宇宙中存在。要是能找到一个物理学原理，禁止虫洞产生，问题就解决了。我们前面说过，虫洞是需要负能量的。于是，只要有物理学原理禁止负能量存在，也就无所谓虫洞，无所谓利用虫洞回到过去了。超光速这回事我们还没讲到，其实要实现超光速运动，也是需要负能量的。所以从理论上来说，只要没有负能量，就回到不了过去。或者说，只要量子力学理论不允许负能量存在，我们就不可能回到过去。

量子时序保护原理还有另外一种可能，就是允许回到过去，但禁止破坏因果关系。换句话说，即便一个人回到了过去，碰到小时候的祖父，却因为无法与之交流，而不会对其产生任何影响。这就需要有一个物理学原理，禁止这种交流。不交流就不会影响过去，不影响过去，也就不会影响未来。利用量子力学，这一可能性是可以实现的。

时间的起点与终点

很多人热衷于讨论大爆炸与宇宙的问题。大爆炸之前是什么？大爆炸之前有时间吗？

大爆炸之前如果没有空间，也就不会有时间。因为我们前面说过，时间是用运动来定义的。没有空间，没有宇宙，何来运动呢？所以说，没有空间就没有时间。

但是有人会觉得这是个悖论。时间有开头的说法，感觉就是一个悖论——这似乎是不可能的。如果时间有起点的话，人们会不禁追问：时间有终点吗？或者是，时间有两端吗？

德国著名哲学家康德对时间是否有开端的问题，有过非常著名的论述。其实比康德更早，就有人思考过这个问题。基督教哲学家圣·奥古斯丁讲过，时间可以有个开头，这其实与人们日常的认知并不矛盾。为什么这样说呢？因为在时间开始之前不存在时间。既然不存在时间，当然就没有时间了。这是一个逻辑上自洽的观点。

那么康德怎么说呢？康德说了一句奇怪的话。他说时间不可能是无限的，因为如果时间是无限的，就意味着一个东西会存在无限长的时间，这是很难想象的。我们都知道地球也只存在了45亿年。那么地球出现之前，这个东西在哪里？组成地球的这些原子、分子又在哪里？原子、分子如果存在的话，会存在无限长的时间。

实际上，这在今天的物理学看来是没有矛盾的。因为所有的物质都是大爆炸产生的，在那之前是不存在的。而康德说没有办法想象，其实是说，很难想象一个东西会存在无限长的时间。所以他觉得时间该有个开端。但他又说，矛盾的地方是，如果宇宙有开端，那宇宙存在之前的时间里有什么呢？我们前面说过，在时间之前，宇宙本身就不存在。宇宙既然不存在，也就无所谓运动，无所谓时间了。所以逻辑上宇宙起点论不是个悖论。

正因如此，圣·奥古斯丁才说，时间存在之前时间根本不存在，也就无所谓"之前"了。这是讲得通的。也就是说，康德所谓的悖论并不存在。

霍金是个无神论者，但他同意圣·奥古斯丁的说法，只是他的说法跟圣·奥古斯丁略有不同。圣·奥古斯丁说，时间存在之前不存在时间，因此也就没有"之前"。而霍金说，宇宙有开端，宇宙大爆炸发生之前，这个世界什么也没有。至于大爆炸时那个非常微小的宇宙是怎么来的，他说是从虚无中涨落出来的——准确地说，是因为量子涨落从虚无中产生出来的。所以殊途同归，一个无神论者通过对量子力学的思考，得到了跟基督教哲学家、神学家圣·奥古斯丁一样的结论。尽管圣·奥古斯丁不懂科学，但他可以从哲学上论证时间是可以有开端的。

跟时间有开端这个问题相关的，还有一个问题：时间有没有终点？或者说，宇宙有没有终点？

宇宙有没有终点这个问题，科学界还在研究。这是一个真正的物理学问题，跟现在的宇宙膨胀状态有关。

大家都知道，加入了暗能量之后，宇宙是一直在加速膨胀的。既然是加速膨胀，这个过程就会一直持续下去的，宇宙会变得越来越大，直到最后，所有的东西都冷掉，宇宙重归虚无，空空如也。也许时间还存在，但是宇宙本身却已面目全非，荒凉一片。这是其中一种可能性。

还有另外一种可能性，就是宇宙不会变荒凉，而是会突然收缩——这意味着暗能量消失了。假定暗能量是可以消失的，那么在它消失后，宇宙就会塌缩。宇宙塌缩的话，也有可能导致时间的终结。

还有一种可能性，由我和我的合作者提出：如果暗能量变得越来越多，它的密度就会变得越来越大。如此一来，暗能量在有限的时间内就会变得无限大。其结果就是，空间的任意两个点都会被撕裂：银河系先被撕裂，接着太阳系被撕裂，然后月亮被拉离地球，地球本身也被撕裂，到最后所有的地方都被撕裂，宇宙终结在一个有限的时间内。不过这个时间有可能是数百亿年，也有可能数千亿年。最终宇宙被撕裂，变得什么都不是了。这就是所谓的大撕裂。这种可能性是存在的。

最后这种可能性其实已经成为一个真正的物理学命题。它不是一个虚无缥缈的纯哲学问题，它是真实存在的。宇宙到底会终结于何种形式？这要看物理学的观测与研究结果。例如，最近有一项宇宙学观测告诉我们，哈勃常数比原来估测的要大。如果哈勃常数比之前估测的大，其他所有与之相关的实验又如何解释呢？以前我们通过其他实验估测出的哈勃常数比较小。想要圆满地解释这个矛盾，我们只能认为暗能量在变大。如果暗能量真的在变大，那么将来我们的宇宙很有可能会终结于一场大撕裂。

第 6 章　引力波

——天籁悦耳赖有弦

什么是引力波？

如何证实引力波的存在？

引力波对人类有什么具体的意义？

这一讲讲引力波。很多人都听过这个词，但却不能很好地理解它的含义。本讲分两部分。第一部分讲爱因斯坦相对论和引力波的关系。第二部分看几个具体的例子。

相对论与引力波

　　首先我们回顾一下 2016 年初爆出来的一个重大新闻。美国 LIGO 实验室，也就是激光干涉引力波天文台，发现了大约 13 亿光年之外的两个巨大黑洞，每个都是接近 20 个太阳的质量。这两个黑洞互相绕着旋转，在不到一秒钟的时间内完成合并，辐射出巨大的引力波。该引力波携带的能量，相当于 3 个太阳的质量，到达地球后被人类探测到了。

　　后来又爆出了第二个新闻。事情发生在 2015 年，2016 年才公布。这次也是两个黑洞，每个黑洞的质量大约是太阳的 10 倍。两个黑洞合并后，辐射出的能量大约相当于 1 个太阳的质量，也被 LIGO 探测到了。

　　这两个事件都是 2015 年下半年观测到的，一个在 9 月，一个在 12 月。

　　我们可以把引力波望远镜比喻成人类的天眼。为什么比喻成人类的天眼呢？因为我们肉眼看到的东西都是有颜色的。太阳辐射出来的可见光，照到地球上的物体上，再反射到我们眼睛里，便呈现出五颜六色来。可见光都是电磁波，我们肉眼看到的电磁波，都属于可见光。

在中国的神话传说里，玉帝还有一些比较高等的神仙都生有第三只眼睛，也就是天眼。不光是中国的神话传说，佛家也有所谓的天眼通，可以看到肉眼看不到的东西。引力波望远镜看得到肉眼看不到的引力波，就相当于人类的第三只眼睛，所以称之为天眼。中国很快就要建造自己的引力波望远镜，比如中山大学主导的"天琴"。

1915 年，爱因斯坦提出了广义相对论，也就是他的万有引力理论中时空是弯曲的这个理论。一年以后（1916 年），他就预言了引力波，或者说预言了我们人类的"天眼"。在一篇论文中，他提到他这个方程是存在着波动解的，情况有点像麦克斯韦方程。

为什么说像麦克斯韦方程呢？麦克斯韦方程是电磁学里面的一组方程，设计之初是没有考虑电磁波的，电就是电，磁就是磁。可方程出来以后发现，电和磁之间有可能互相诱导，诱导的结果就是电磁波。因此麦克斯韦预言了电磁波。除此之外，他的方程还含着一个速度，这个速度计算出来以后，跟当时测量出的光的速度是差不多的。于是他预言光也是一种电磁波。之后不久，赫兹发现了电磁波，也测量出了电磁波的传播速度——的确跟光速差不多。

再说回到引力波。爱因斯坦在 1915 年提出了广义相对论，他认为引力是时间和空间弯曲的结果，或者说时间和空间是可以弯曲的。前面我们也谈到了，时间与空间的确是可以弯曲的。而且时间和空间的弯曲，也可能会随着时间变化而变化，因此便有可能产生诱导作用。就像电和磁在随着时间变化的时候，互相诱导，产生电磁波一样。空间和时间发生变化，相互诱导，便产生了引力波。

电磁波产生的原理是什么呢？如果没有电、没有电荷，就不会无中生有产生电磁波。要么一开始就有电磁波，要么一开始就有电荷运动。由麦克斯韦方程可知，电荷之间相互作用导致加速运动，就会辐射电磁波。赫兹是通过诱导电火花的方式发现电磁波的。电火花其实就是电荷在加速运动。电荷在两个电极之间加速运动产生电磁波，那么在另外一端，它接收到了这个电磁波，然后诱导了电火花。赫兹电磁波的产生和结束都跟电火花有关。

物体反射光我们都知道，物体也会辐射光吗？是什么原理呢？所有物体都由分子或原子构成，而原子里面的电子是有轨道的，电子从一个轨道跳到另外一个轨道上的时候也在加速运动。也就是说，原子里面存在着电荷加速运动的可能性。一旦这种可能性实现了，就会辐射电磁波，部分电磁波会以可见光的形式进到我们的眼睛里。无环境光的情况下，我们能看到某个物体，是因为该物体的原子在辐射电磁波。要获得电磁波辐射，最简单的方法是让两个电荷一正一负之间来回振荡，形成一个电极矩——简单说，就是偶极矩的变化、振荡。

偶极矩振荡就会辐射电磁波，辐射电磁波的频率跟振荡频率有关。因为振荡周期是振荡频率的倒数，所以电磁波的周期就是振荡周期的整数倍。换言之，电磁波频率应当是电极矩振荡频率的整数分之一倍。这跟利用麦克斯韦方程组计算出来的结果，是吻合的。

接下来的问题是，电磁波辐射的功率有多大？要计算电磁波的辐射功率，需要用到一个公式。

我们假设电偶极矩这个物理量为 P_0，那么很显然，产生电磁波的强度是跟 P_0 成正比的。电偶极矩是电磁波的源，所以电磁波的强度肯定是跟 P_0 成正比的。辐射功率又跟电磁波强度的二次方成正比。所以，结论就是，电磁波的辐射功率，也就是电偶极矩的辐射功率，

跟电偶极矩 P_0 的二次方成正比。电偶极矩变化的频率用 ω 来表示，根据量纲分析就可以得出，辐射电磁波的功率跟电偶极矩频率的四次方成正比。这就给出一个严格的公式，就是 P 等于电偶极矩振荡频率 ω 的四次方，乘以电偶极矩的二次方，除以 12π 倍的光速。这就是我们熟知的计算电偶极矩辐射功率的公式。

$$P=\frac{\mu_0\omega^4 P_0^2}{12\pi c}$$

举一个例子。假如一端是 1 库仑的正电荷，一端是 1 库仑的负电荷，相隔 1 厘米。电偶极矩 P 就等于 1 库仑乘以 0.01 米（也就是 1 厘米）。然后我们再假定这个电偶极矩每秒振荡 1 次，也就是 1 赫兹。计算出来，这个电偶极矩的辐射功率是非常非常小的，只有 1.72×10^{-17} 瓦，完全可以忽略。

每秒振荡 1 次实在太慢了，我们可以把频率提高到兆赫。振荡频率提高到每秒 100 万次，功率就会提高很多。具体提高到多少呢？因为辐射功率跟频率的四次方（还不是二次方）成正比，100 万是 10 的六次方，再来个四次方就是 10 的 24 次方。数值代入前面的公式，结果就是 1.72×10^7 瓦。这个瓦数就非常大了。

我们同样可以利用刚才的公式，大致估算一下原子的偶极矩以及原子辐射功率。电子的电荷乘以原子的大小，得到的偶极矩大约是 1.6×10^{-29} mAs。频率说的是电子一秒钟绕着原子核跑多少圈，计算出来大约是 1.0×10^{17} 赫兹。一秒钟可以振荡那么多次。前面我们也提到过，所以用原子来做原子钟，是因为电子跑得很快，振荡频率很高。计算出来，辐射很大，功率高达 1000 瓦。一个原子的辐射就有 1000 瓦，非常吓人！可能有人觉得这根本不可能。我们平常烧的炭，里面那么多原子，功率得有多大啊！其实不能这么算。为什么呢？因为原子辐射发生得太快了，持续时间非常短，功率尽管高，能量却很少。辐射只能持续 10 纳秒。算下来，单个原子的辐射能量是微不足道的。

引力波产生的原理是什么呢？我们前面说过了，爱因斯坦认为时间、空间是可以弯曲的，而空间曲率跟能量密度有关，能量密度变化时，就有可能产生引力波。这跟产生电磁波的原理差不多。电磁波源于电荷相互运动，引力波源于能量物体相互运动。比如说，两个黑洞相互绕着转就有可能产生引力波。太空里面存在着很多奇奇怪怪的天体：中子星互相绕着转，中子星绕着黑洞转，黑洞互相绕着转……都会辐射引力波。还有，星系中心存在着百万量级太阳质量以上的巨大黑洞，引发非常剧烈的天体运动，也会辐射引力波。在地球上探测引力波，无异于为人类开了一只天眼。我们可以通过引力波，看到以往通过电磁波看不到的天体物理现象。

引力波天线

我们刚才说了，质量之间互相运动产生引力波。到底能产生多强的引力波呢？我们先给出一个公式，然后结合公式看几个具体的例子。

根据爱因斯坦的理论，引力波的辐射是四极矩，而不是偶极矩。这个结论可以从爱因斯坦的方程推导出来。由于偶极矩的质量都是正的，偶极矩并不存在，因此必须是四极矩。

同样，引力波辐射强度跟四极矩的二次方成正比。这就跟前面不一样了。辐射功率必然要含着万有引力常数，准确地说，是含着万有引力常数 G 乘以四极矩 q 的二次方。再通过量纲分析，就会得到一个四极矩辐射的引力波功率计算公式：引力波功率等于 G 乘以四极矩 q 的二次方，乘以频率的六次方，除以光速的五次方。

$$P = \frac{Gq^2\Omega^6}{c^5}$$

由上面的公式可以看出，引力波的辐射功率是非常小的。为什么呢？原因很简单，因为有万有引力常数，万有引力常数很小，是 6.67×10^{-11}（国际单位制），而四极矩本身也很小。至于四极矩会小到什么程度，待会儿再告诉大家。公式中 Ω 的六次方倒是很有分量，Ω 增大，会导致辐射功率突然增大，因为指数较大。之后我们会通过一些实例，看一看 Ω 变化对于辐射功率的影响。

我们用刚才的公式简单地算一下。万有引力常数为 6.67×10^{-11}（国际单位制），而太阳和地球的四极矩也很容易计算，无非是太阳和地球约化的质量，乘以日地距离，再来个二次方。关键是地球绕着太阳转一圈需要的时间很长，是一年。Ω 非常小，再来个六次方，所以这个功率实在是太小了。小到什么程度呢？每秒钟只有 100 焦耳。换句话说，地球绕着太阳旋转是辐射引力波的，并不是不辐射，但辐射的功率只有 100 瓦，也就是一个灯泡的功率，比家用空调的功率还小得多。那么月亮的引力波呢？月亮绕着地球转，也产生引力波，但功率只有 1.0×10^{-10} 瓦，完全可以忽略。

这似乎意味着，探测引力波几乎是没有任何可能的。即便是地球那么一个庞然大物，绕着太阳转，辐射功率也只有 100 瓦而已。太弱了，怎么接收呢？

我们探测引力波，探测器本身也会受到万有引力的影响，万有引力本来就弱，如果引力波也弱，那么测量基本就不可能了。

好在太空里面存在着一些奇奇怪怪的天体。比如说两个中子星，它们在一起就不一样了。它们可以很近，因为近，绕转的周期就短，换句话说，频率就高。频率高的话，辐射功率自然就高——我们刚才说了，功率是跟频率的六次方成正比的。比如说，我们举个例子，假设有两颗中子星，每颗的质量都是太阳的 1.3 倍——很典型的中子星。两星相距 100 万千米，比日地距离要小。计算得出，它们的绕转周期是 2.5 小时。代入前面的公式可以算出引力波的辐射功率，是 1.0×10^{20} 瓦。

这就相当可观了，尽管没有太阳辐射电磁波的功率大，也是相当大的。如果是两个黑洞呢？假定每个的质量都是太阳的 30 倍，距离是 200 千米，转动周期是 1 秒——也就是说，频率是 1 赫兹。算出来辐射功率高达 1.0×10^{42} 瓦。这就不得了了，要比太阳辐射电磁波的功率高出好多倍。即便离我们很遥远，到达地球的亮度还是很高的，大约是 1.0×10^{-8} 瓦 / 米^2。这是根据 LIGO 的观测数据计算出来的，尽管很小，原则上还是可观测的。

还有一些其他的例子，比如刘慈欣小说《三体》里面提到的引力波天线。引力波天线的工作原理是怎样的呢？就是让一根线密度非常高的弦振动起来。由于它的线密度非常高，同时我们假定它的频率也非常高，这样一来，它振动起来产生的引力波就有可能很强——刚才我们已经看了辐射公式了。宇宙中有可能还存在着天然的弦，我们称之为宇宙弦。这些天然的弦也在振动，也在互相绕着转、变形，因此也有可能辐射引力波。如果哪天我们真的探测到了这些引力波，那就说明太空中的确存在这样的弦。

那么如何计算弦的功率？万一哪天刘慈欣的科幻设想被人类实现了呢，我们就可以利用这种天线来搞引力波通信了。所以，我们要来计算一下，这根弦一旦振动起来，它的辐射功率是多少。这跟前面提到的黑洞绕着转、中子星绕着转不一样，黑洞、中子星的引力波辐射功率是通过质量、能量的四极矩来算的，弦不一样，因为它不是一个简单的四极矩。弦的一个基本的物理量是张力 T，也就是单位长度里面含的质量或者能量。

我们知道，功率一定是跟万有引力常数成正比的。根据量纲分析，弦的引力波辐射功率，只能是万有引力常数 G 乘以光速，乘以张力的二次方。简单的量纲分析就可以得到这个公式：

$$P = GcT^2$$

有了这个公式，我们就可以计算出需要的张力了。因为张力越大，单位长度里面的能量就是越大，单位长度里面的能量越大，弦就越重。这必然是一根高度致密的弦。

所谓的基本弦，也就是超弦理论、超弦物理学家一直在研究的那种弦，张力大约是 1.0×10^{27} 千克／米。这是个不得了的数字。基本弦产生的辐射功率高达 1.0×10^{52} 瓦，比黑洞的辐射功率还要大。

但是放心好了，不会说因为我们身体里面的基本粒子都是基本弦，它的辐射功率又那么大，就会把我们给照死。为什么呢？因为辐射时间非常短。这跟我们前面说过的原子辐射类似：尽管辐射功率达到了 100 瓦，但因为辐射时间只有 10 纳秒，所以辐射的能量并不多。

当然，如果我们可以把基本弦变成宏观的弦，它辐射的时间也是宏观的，那就厉害了，应该比黑洞还厉害。然而实际上，我们到现在还没有观测到这些辐射，所以很可能基本弦是不存在的。或者说，根据 LIGO 的观测，有可能基本弦在某些尺度上是不存在的。

既然我们说基本弦很可能不存在，那我们就暂且忘掉基本弦，只看看我们人类能不能造出一些致密的弦来，用以辐射引力波。

倘若几百年以后，人类技术可以发展到把 1000 吨的物质放进非常非常小的一根弦里面——也就是说，弦的张力是每米 1000 吨，这根弦一旦振动，根据前面的公式，它的辐射功率也是很高的。虽然没有到 1.0×10^{52} 瓦，却也高达 1.0×10^{10} 瓦。这其实已经很吓人了，虽然可能跟大型发电站还没法比，但却比我们见过的任何电器的功率都要大很多。未来如果能把张力为 1000 吨 / 米的弦制造出来，我们就可以制造出引力波天线，让它辐射引力波，同时也让它接收引力波。到那个时候——也许是 200 年、300 年以后，人类就真的可以利用引力波天线，实现引力波通信了。

给大家看一张图（图 6-1），是有人根据《三体》中的描述画出的引力波天线效果图。看上去就像个大药丸一样——倒不是说引力波天线有那么粗，天线还是非常细的，被"大药丸"包裹在里面了。"大药丸"可能是保护天线用的。这个东西一旦实现，那我觉得，人类在技术上就算迈出了很大的一步。

图6-1 引力波天线效果图

最后我们谈一下接收引力波的一个基本原理。

接收引力波的原理很简单。引力波是时间空间变化的结果，这种变化是周期性的变化。因此我们可以算出来，引力波会让一个椭圆变成圆，然后变成另外一个方向的椭圆，然后再变回来。就是这么一个过程。好比说，我们拿两把尺子，垂直摆放，在引力波的作用下，肯定是一会儿水平的尺子变长，垂直的尺子变短，一会儿是垂直的尺子变长，水平的尺子变短。我们能测出这种变化，就能测出引力波来。

如何测呢？要用到激光干涉，这就是迈克尔逊干涉仪的原理。具体的原理我们不细讲，简单说就是，激光干涉仪可以测出两个垂直臂长的相对变化。相对变化能测出来，引力波就能测出来。

LIGO 全称"Laser Interferometer Gravitational-Wave Observatory"，译成中文是"激光干涉引力波天文台"。其实在 2016 年之前，我就预言了 LIGO 会探测到引力波。我在《〈三体〉中的物理学》这本书中，专门辟了一章讲引力波，讲到了引力波的辐射和接收原理，并预言说 LIGO 会在 2016 年宣布观测到引力波。

未来人类还会建造更多像 LIGO 这样的天文台，比如说，日本有自己的地面引力波天文台，意大利建造的 Virgo 即将投入使用，中国也在积极筹划建造太空引力波天文台。这些天文台一个个建立起来，就相当于人类长出了一只只观测引力波的天眼。把目光放得更长远些，也许 200 年、300 年以后，会有更加令人惊喜的东西冒出来，就是我们前面说的引力波天线。

我非常期待，人类在数十年、数百年以后，借助引力波研究的突破进入另外一个崭新的时代。

第 7 章 人工智能

——没有量子就没有智慧

人工智能发展的基础有哪些?

人工智能与人的意识有什么关系?

人工智能最终真的会毁灭人类吗?

这一讲我们讲人工智能。第一部分讲人工智能的发展轨迹和发展现状。第二部分讨论人类意识的特质，并展望人工智能与人类的未来。

人工智能的科学基础

　　2016 年初，谷歌的一个活动在网络上引起了很高的关注，即 AlphaGo 大战韩国围棋九段李世石。比赛结果是李世石以 1 比 4 败北。赛后网络上也流传着一个传言，说 AlphaGo 其实可以赢满 5 局的。这件事在微信朋友圈和微博上引起热议，大家都觉得人工智能的时代到来了。

　　围棋一直被认为是人类智力的极限运动，机器下围棋战胜了人类，就说明人工智能有可能超越人类。所以很多公众号纷纷刊出文章，连篇累牍地讨论人工智能究竟会给人类带来什么。我看到的大部分文章是一样的调调，担心人工智能将来一旦超越人类，就有可能控制人类。

　　那么我们今天就聊聊人工智能这件事，顺便剖析一下人类的大脑，看它到底是怎样工作的，并以此为据，讨论一下人工智能到底有没有可能在短时间内超越人类。

　　在科幻小说和科幻电影里面，人工智能屡见不鲜。比如，《星球大战》里面有个 R2-D2——小圆筒一样，很可爱的一个机器人，它还有个伴儿——一个个子高高的机器人。

大家可以回想一下，科幻电影中最早出现人工智能是什么时候？我记得应该是 1968 年，著名导演库布里克和著名科幻作家阿瑟·克拉克合作拍摄的经典科幻电影《2001：太空漫游》上映。阿瑟·克拉克创作了这部电影的剧本，随后又发表了同名小说《2001：太空漫游》，后来又有一个系列取名为"太空漫游"的书出来，包括《2010：太空漫游》《2061：太空漫游》《3001：太空漫游》等。这个系列先后出了大概有 4 本，已经成为科幻小说经典中的经典。

《2001：太空漫游》这部电影出现得比较早，可能有些人没有看过，这里给大家简单介绍一下。它的设置是这样的：2001 年，人类登上月球，突然发现月球背面有块很奇怪的大黑石。于是地球人就派了一个人去考察，发现大黑石之下、木星的边上有一个奇怪的东西存在着异常的活动。然后，美国航天局派出一艘飞船前往木星，一探究竟。整个旅程，自始至终只有两个人醒着。除这两个人外，醒着的就只有一台叫哈尔 9000 的计算机，是它在控制整艘飞船。

这个哈尔 9000 究竟聪明到什么程度呢？似乎它的智力已经赶上人类了。我们可以认为，阿瑟·克拉克在《2001：太空漫游》里面预言，到 2001 年的时候，人类造出来的电脑，智力上将可与人类媲美。证明就是，在《2001：太空漫游》里面，哈尔做出了一个举动。它里面有一个特别的指令，就是一定要保证这场旅行成功，不惜牺牲人类的生命。因此它就把冬眠状态的一些人给杀死了，还企图要杀害两个醒着的宇航员，结果只杀死一个，另外一个很机智，设法把哈尔给关掉了。

战胜机器人哈尔的宇航员叫大卫·鲍曼。之后他一个人驾驶飞船驶向木星。在到达木星之前，他看到一块巨大的石头，直径足有 1

千米。整个飞船被吸了进去，紧接着是一系列非常魔幻的镜头。掉进大石头之后，鲍曼也许飞越了很多光年，路过了各种不同的恒星和星系，看到了很多的景象。最后，他进了一个房间，由年轻而变衰老，最后又重获新生，成为一个灵童，一个纯粹的精神体。

这有可能就是作者阿瑟·克拉克希望的最终结果。他希望人类最终可以进化到可以摆脱肉体。这个状态也跟人工智能相关，因为人工智能不依赖人类的肉体，而是依赖机器。而且我们知道，人工智能主要靠软件驱动，机器换了，软件同样可以驱动。换句话说，如果机器有意识，有思考能力，那么它就可以不依赖机器的硬件，或者说不依赖自己的身体。

当一个人成为纯粹的精神体，他的思想可脱离身体存在，随意复制到另外一副躯体里或是一部机器上。精神一仍其旧，身体却焕然一新。纯粹精神体的存在，在一定程度上意味着永生。

《2001：太空漫游》提出来一个问题，就是未来有没有可能，机器不再考虑人的生命，也不再受人类的控制。阿西莫夫出过一本短篇小说集，篇篇谈的都是机器人。他提出的"机器人三原则"，或多或少地，大家应该都听说过。

第一原则
机器人不得伤害人类，也不得在人类受到伤害时袖手旁观。
第二原则
只要不违反第一原则，机器人必须服从人类的命令。
第三原则
在不违反第一、第二原则的前提下，机器人必须保护自己。

除了这本小说，阿西莫夫还拍过一部著名的电影——《我，机器人》（*I, Robot*）。可想而知，这部电影，必然会用上机器人三原则。

另外还有一部影片，也非常精彩，叫《人工智能》（*Artificial Intelligence*），由史蒂文·斯皮尔伯格拍摄。在这部影片里，有一对夫妻失去了一个小男孩。于是他们向一家机器人公司定制了一款机器人，跟他们失去的孩子长得一模一样。机器人的到来，引出了一连串的事情。一开始，这对夫妻对他有点害怕。但是后来发现，他跟人没有任何区别，跟他们以前的儿子完全一样，渐渐地就喜欢上了他，爱上了他。随后又有一些事情发生。

这个故事的核心，是讨论机器人能不能成为一个完全的人类。这个问题我们留到本章第 2 部分再讨论。

我们回到现实中来。现实中一个颇有影响力的例子，就是我们刚才谈到的 AlphaGo 战胜李世石。

我们现在也不好判定，AlphaGo 究竟有没有达到人类的智力水平。如果说达到的话，就可以称其为强人工智能。它将可以模仿人，实现人的所有功能。

等而上之，还有超强人工智能。它已经超越了人类，达到我们现在无法理解的高度。当然这是一个非常笼统的定义，是说这样的机器一旦出现，它将会做出很多事情来，这些事情我们人类甚至完全没有想到过。注意，说的是人类有史以来，不论围棋界还是科学界，从来没有出现任何一个人，或是任何一个团队，可以达到那样的高度。这种层次的人工智能，才称得上是超强人工智能。

当然了，我们刚才讲过，强人工智能尚未确定实现，超强人工智能更是遥遥无期了。

由此引出的一个问题是：强人工智能何时方能实现？

要回答这个问题，我们首先要了解一下计算机的工作原理。计算机的主要构成是两部分，一部分是存储——把知识和材料储备起来；另一部分是操作——把存储的东西拿出来，然后再通过一些程序步骤进行操作——加减乘除以至于更复杂的运算。比如我们看的视频，就是先把视频存储起来，然后经由一系列的操作，以影像声音的形式展示出来。那么这些功能依赖什么呢？依赖芯片。

　　单位体积里芯片的单元越多，它存储和操作的功能就越好。有一个人叫摩尔，是英特尔的一个创始人。他发现了一个定律，说的是每过18个月或者是2年，芯片的价格会降低一半，与此同时，单位体积的存储能力会提高1倍。这就是所谓的摩尔定律。

　　摩尔定律什么时候失效呢？我的预言是，最迟不晚于2030年。到那时芯片摩尔定律就失效了。我这么说，理由很简单。因为现在的芯片单元已经达到纳米尺度，离分子、原子尺度不远了。而一旦到达分子、原子的尺度，我们就没有办法进行操控了。

　　没办法操控芯片，原因很简单，就是到达这个尺度以后，热运动和量子运动便不能忽略——特别是到了原子级别，量子运动就更不可以忽略了。一旦量子运动不可以忽略，我们就没有办法操纵这个芯片了。没有办法操纵芯片，芯片就做不出来。

　　甚至最近还出现一种更悲观的论调，说的是再过5年摩尔定律就会失效。而我是乐观一点的，把它的失效期放宽到了2030年。到那时，如果芯片突破纳米尺度，人类就没有办法再进一步缩小芯片了。那时的芯片，大小只相当于现在的1/1024。

　　根据摩尔定律，我们可以推知iPhone的终极版本。我们知道，iPhone几乎是隔一年推出一部新机，例如，2010年推出iPhone 4，一年后推出iPhone 4S，再一年后推出iPhone 5……如果苹果公司的节奏不变的话，以此类推，到 2030 年的时候，iPhone 14 将会问世，并很有可能成为 iPhone 的最后一代产品。就算有后续产品出来，核心的东西也不会变了，无非是在外观上、易用性上面做一些改良。摩尔定律既已失效，芯片就不可能再升级了，处理速度不可能再有明显的提升。iPhone 14 之后再无 iPhone，且用且珍惜。

同理，从某种意义上说，人工智能的增强，届时也将逼近极限。我比较怀疑，即便那时候，强人工智能究竟会不会实现。如果到了 2030 年，强人工智能还未实现的话，因为摩尔定律的失效，人工智能停止演进，理论上说，强人工智能将永远无法实现。

可能有人说，芯片无法改进的话，就从软件上寻求突破好了。但是理论上说，靠改进软件，是不可能实现强人工智能的。这个问题我们稍后再谈。

到了那个时候，也许我们会用上一种新的计算机，叫作量子计算机。量子计算机的基础是量子，跟我们一直使用的经典计算机大不相同。尽管二极管、三极管这些元器件的制造离不开量子力学，但是它们的操作方式仍是一个决定论的方式：有一个因就有一个果，而不可能是有一个因而有多个不同的果。量子计算机与此不同，它的一个因可能对应若干个不同的果。

综上所述，待到摩尔定律失效的时候，经典计算机的演进将遭遇大停滞。除非量子计算机研制取得突破，这一困局将很难打破。

人工智能的未来

强人工智能到底能不能实现？换句话说，我们人跟机器到底是不是一样的？

这个问题会引申出另外一个非常深刻的问题。我们先回顾一下《三体》中的一个情节，再把这个问题提出来。

在《三体》中，当地球人面临三体人威胁的时候，人类的领导者就从人类中选拔了一批精英。这批人称为"面壁者"，他们的主要任务就是面壁，在家里关起门来做宅男，思考对付三体人的办法。其中有一对夫妇，男的是白人，女的是日本人，均是成就非凡的大脑科学家和心理学家。他们想出的办法是，发明一部机器，给人类植入乐观的想法。这个乐观的想法是什么呢？就是：我们可以战胜三体人。如此一来，人类就空前地乐观、空前地团结了，不再怀揣逃跑主义和逃亡主义，因而能够齐心协力对抗三体人。

当然，如果这个设想能实现的话，确实能给人类战胜三体人增加一点胜算。最起码说，尽管我们在科学技术方面落后于三体人，至少在意志上，我们是强过他们的。这个构想最关键的一点就是，能不能在人的大脑里植入一个想法，并保证这个想法绝对不会改变，换句话说，就是能不能操控他人的思想。这才是问题的关键。

刘慈欣在《三体》中，把这部机器叫作"思想钢印"。就是说，人用过这部机器之后，思想就被打上了钢印，从而将某一个想法固定下来。这个想法就是：我们比三体人强，我们是可以战胜三体人的。

类似的构想其实在西方的很多科普类、心理类书籍中都出现过，其中涉及的核心问题，西方人已经讨论了 2000 多年。西方人讨论人是否有自由意志，已经有 2000 多年的历史，至今尚无定论。

这就是强人工智能能不能实现这个话题所引出的问题——人究竟有没有自由意志？

关于这个争论，我们先看一看前一段时间，两个对物理和数学都比较精通的普林斯顿学者证明的一个定理，叫 Conway-Kochen 定理，又名自由意志定理。

这个定理详细阐述出来非常复杂。简单来说就是，假定人有自由意志，那么世间万物也都有自由意志。

听起来很奇怪，似与常识不符。

这是一个基于量子力学的结论。证明的过程，我们不做深入讨论，重点讲讲为什么这样一个假设，可以用量子力学证明。

截至目前，量子方面的内容，本书涉及不多。量子力学跟以前的物理学全然不同。最主要的不同就是，从量子力学的视角来看，整个物质世界原则上是不确定的。就是说，有一个因不必然就有一个果，一因多果也是可能的，而到底出现哪个果是不一定的。我们只能从概率上去预测：假定有一个因，分析出它对应的所有果，确定每个果出现的概率。

量子力学可以说彻底地改变了我们过去对物质世界的认识。过去，大部分人认为，量子力学只在微观世界成立。换句话说，我们只有在研究分子、原子、原子核、电子这些微观粒子时候，才用得到量子力学。而当我们面对宏观物体——比如一块石头、一支笔、一把椅子、一个人的时候，量子力学就全无用武之地。然而，最近物理学家研究发现，事实并非如此。其实有一些很大的、很宏观的东西，比如某些候鸟，也表现出了量子方面的一些特征。科学家发现，候鸟导航用到了量子磁针。这完全是量子的东西。所以我们相信，量子有可能在宏观世界的一些物理现象甚至生物现象中，也起到了根本性的作用。

为了更好地理解自由意志和自由意志定理与量子力学的关系，我们需要弄清楚的第一个问题就是，在西方人看来什么叫"自由意志"。"自由意志"的概念到底是什么？

"自由意志"在英语中是由两个单词组成的，一为"free"，一为"will"。中文对应翻译过来就是"自由"和"意志"。我们先说说"意志"是什么意思。简单来说，意志就是你想做一件事。比如说一个人早晨起床，想听什么音乐，吃什么早餐，这都反映出他的意志。所以听这段音乐，吃这种早餐，到底是什么原因造成的呢？是有深层次的原因影响了这个人，还是没有任何原因呢？如果没有任何原因，这个意志就是"自由"的，"free"的。当然，也可能存在深层次的原因，比如说这个人昨天晚上做了一件什么事情，决定了他今天早晨想要听这一段音乐；或者他的这个意志，可以归因到其他人——例如，这个人的朋友向他推荐过这段音乐。原因本身并不是我们要考虑的。

表面上看来，在人类的世界里面，很多事情是有因果关系的。就是说，一个人要做一件事情往往是有原因的。但是心血来潮的情况也是常有的。所谓"心血来潮"，就是毫无由头地想做一件事。这就叫"自由意志"。换句话说，人的意志当然可以有因，但是，原则上说，是不是也可以没有因呢？如果原则上可以没有因，那么人类就可以说拥有自由意志。否则的话，如果我们做所有的事情都必须有因，那么人类就不能说拥有自由意志，跟机器并没有本质的区别。

我们平时在玩电脑或者玩手机的时候，只要输入一个指令，电脑或手机就会自然地做出反应。比如说我们看到一个 App，点击一下，这个 App 就打开了。如果是一个音乐类的 App，我们点一下某个音乐，这个音乐就开始放了。这就说明电脑或手机本身是没有自由意志的，因为它做的事情，都是我们指令它做的。它不可能心血来潮做一件没有指令的事情。如果哪一天，你没操作，你的手机就自动干起活儿来的话，你就要怀疑这个手机"成人"了。换句话说，我们人类跟机器确实是完全不同的。

人有没有自由意志这个问题，答案看似很明确，因为我们跟没有自由意志的机器是不同的。但是为什么西方人——从物理学家到哲学家甚至是神学家，讨论这个问题要讨论 2000 多年呢？

这里面有很多深层次的原因。首要是受到宗教的影响。有了《圣经》以后，大家都知道存在"最后的审判"的说法。你有没有犯罪将由审判确定。上帝会根据审判结果决定你下地狱还是上天堂。有了这个环节，人们就会思考，人是天生有犯罪的倾向吗？如果是天生有这个倾向，那么这个倾向的原因是什么？人毕竟是上帝造出来的。如果上帝一开始把一个人造得不完美，让他犯罪，那么罪因说到底在于上帝本人。既然如此，为什么上帝还来惩罚人类呢？

当然，在中世纪时期，西方的基督教还讨论过很多关于魔鬼的问题。因为魔鬼引诱人去犯罪，魔鬼也做了很多坏事。魔鬼我们都知道，源于堕落的大天使。而大天使也是上帝造出来的。这个大天使为什么变成魔鬼，为什么堕落呢？难道上帝自己没有责任吗？既然上帝有责任，他为什么不惩罚自己，而要惩罚魔鬼呢？

于是，由这个宗教问题，就引出了对自由意志的思考。自由意志可以解决这个问题。

我们知道，《圣经》里面也说过，上帝造出了人类，并赋予人类自由选择的权利。比如伊甸园里面的亚当和夏娃，他们就有自由选择的权利。他们可以自由选择吃还是不吃智慧树上的果子。吃了就有罪——所谓人类的"原罪"，不吃就没罪。如果人类是上帝造出来的，而人类没有自由决定权，那么他吃智慧树上的果子，一定是上帝的意旨。如果人类有自由意志，人类吃智慧树上果子，是自己想吃，与他人无关，那么罪就在人类自身。

《圣经》里面有这么一段有趣的描述。亚当吃了智慧树上的果子，上帝就找他说，你们现在知道了羞耻，有羞耻心了。以前你们没有羞耻心，无所顾忌，无忧无虑，而现在却知道要穿衣服了。你们犯了罪了。亚当说：这事不是我的主意，是夏娃让我吃的。夏娃说：这事不是我的主意，是一条蛇引诱了我。说到底，原罪是一条蛇犯下的，而这条蛇就是恶魔，就是撒旦，就是那个堕落的大天使。亚当和夏娃都把罪因归到了别人身上，认为自己没有罪，也没有自由意志。但是，为了圆满解释《圣经》里面上帝惩罚人类的情节，必须要假定人类有自由意志，魔鬼也有自由意志。

如果人类没有自由意志，我们就可以把人的恶行，诸如盗窃、杀人之类，归结为其他的原因，或者说客观的原因。例如，一个人杀了人了，因为他没有自由意志，那么杀人就不是他的错。也许是因为他小的时候，父母给他灌输了一些思想，或者对他不好，经常虐待。寻根溯源，罪在父母，不在他本人。但是父母又会说，对孩子不好也不是他们的原因，他们的父母对他们也不好。以此类推，就没有任何人需要担责任了。

所以，自由意志存在与否关系甚大。对于西方人来说，它涉及宗教、法律、伦理等各个方面。这就是自由意志难题。这也就是为什么西方讨论这个问题讨论了 2000 多年。人们都在思考人类究竟有没有自由意志。

知道了自由意志的本质，我们回到数学和物理学上，看看如何从这个方面入手，抽丝剥茧，寻根探源。

我们刚才谈的关于自由意志的内容，都是很虚无缥缈的，属于哲学范畴，涉及的方面很多。其实从物理学着眼，很容易明确什么叫自由意志。自由意志就是一个果跟过去的历史整个儿无关，没有原因，不受约束。

例如，我们知道在物理学上，相对论认为信息的传播不可能超过光速。换句话说，我们现在谈的影响某一个果的历史，是说从这个果向过去画一个光锥，在光锥之外的所有的事件对它都没有影响。为什么这么说呢？就是因为光锥之外的事件要影响它，就必须要超过光速才可以。所以只是光锥里面的东西能产生影响。

同样地，用数学语言说就是，这个事件发生了，那么这个事件本身是这个光锥里面所有事件的函数。如果不是的话，那就说明这个果是没有因的，它是一个自由、无约束的果。

如果把这个理论应用于人，情况就更为复杂了。这个果就不再是一个简单的现象、事件，它是指向某种目的的心理状态，是某种故意行动的原因，是决定做一件事的认知过程。这就是我们说的意志。

可能有人不同意把这个过程认定为意志，但是这个并不重要。因为无论把它定义成什么，它总是一个复杂的事件。这个事件究竟是不是过去的历史的一个结果，才是我们讨论的重点。如果它不是，那它就是自由的。

在心理学上，在人类到底有没有自由意志这个问题上，争论已经持续了好几十年。20世纪七八十年代有个著名的实验，叫作Libet实验。这个实验经常被心理学家和认知科学家拿来作为证据，证明人没有自由意志。

概括地说，这个实验是这样的。科学家在人的脑袋上放很多电极，以此探测人的思想活动。科学家们发现，在人决定做一件事情之前，比如去拿一本书或者端一杯水，电极就会探测到大脑已经有活动了。时间持续1秒钟左右，也可能更短，短到只有几百微秒。但是人们并不知道大脑的这项活动，只知道自己做出了一个决定。

也就是说，一个人做出一个决定是大脑活动的结果。但是这个大脑活动人并不知道。心理学家常拿这个实验，来证明人是没有自由意志的。一个人所有的意志都是由潜意识所决定的。

然而这个实验也引出了另外一个问题：意志能否超出决定之外，而将导致决定的潜意识活动也算进来？如果人类的潜意识活动也算意志的话，我们还要进一步追问：潜意识活动发生之前，有没有其他的原因呢？对于这个问题，心理学家还没有办法借助实验来回答。

综上所述，我觉得人究竟有没有自由意志这个问题，并不能说已经被心理学家解决了。尽管一些心理学家以Libet实验为凭，否定人有自由意志，但如果我们把人的心理活动或者说人类大脑的潜意识活动也算在意志里面的话，就没有任何一个学科有办法证明意志不是自由的。

大家可能听说过，有一位著名的生物学家叫弗朗西斯·克里克，还有一个人叫詹姆斯·沃森。他们二人为发现DNA的双螺旋结构做出了很大的贡献，因此获得了诺贝尔奖。这可以说是 20 世纪生物学最伟大的发现之一。这两个人并没有因为取得了如此之大的成就而终止研究的步伐。这之后，克里克就去研究大脑了。他想要搞清人的大脑到底是怎么回事，搞清意识是怎么产生的、思维是怎么进行的、决定是怎么做出来的等等一系列的问题。

弗朗西斯·克里克猜测，决定发生在前扣带回及其附近区域。也就是说，人是用大脑的这一块区域做决定的。

我们之前提到了心理学家、大脑认知科学家，除此之外，我们还不得不提加州大学圣芭芭拉分校一位物理学家，最近非常有名，叫费希尔。他认为人的大脑里面真的是存在量子过程的，而如果人的大脑里面有量子过程，人类的意志的发生，就真的不一定找得到确切的原因了。在量子论中，没有严格的因果关系，有的只是概率上的描述。这部分内容留待下一讲详谈。

费希尔还认为，人类大脑中存在着磷酸钙，而磷酸钙在大脑中会产生某种作用，这个作用就是量子作用。具体的作用是什么，我们不去管它，只要知道这个过程是量子的就可以了。而这种量子作用的持续时间为 100 多秒——已经超过 1 分钟、接近 2 分钟了。换句话说，这一量子过程发生的时间非常长，已经超出了微观事件范畴，足以影响人的宏观意识了。

量子作用持续了将近 2 分钟，就说明这个过程是非决定的。单纯一个微观的事件、微观的东西，是不会影响我们决定的，因为决定需要时间，这个时间必须是宏观的。

这个结论，我们仍需要进一步的实验来研究、来论证。如果是真的，就可能成为前面提到的自由意志定理的佐证。

整个世界是量子的，人类也有可能有自由意志。现在看来，这两件事情或许是有关联的。

最后，让我们再回到人工智能。如果人类有自由意志，那么强人工智能何时能够实现这个问题的答案就很明显了。人工智能具有自由意志的时候，才能称得上是强人工智能。

换句话说，一个手机突然能够自己做决定，而不需要人去操控的时候，真正的强人工智能就出现了。到了那一天，人类就该担心人工智能超越人类甚至操控人类了。

既然会有这种担心，我们就来估算一下，距离这种情况的发生大概还有多长时间。

这取决于量子计算机的发展速度。也就是说，如果计算机发展到了量子阶段，而人类大脑又确实是量子的话，当计算机的量子位超过人类大脑的时候，真正的担心就开始了。

那么到底需要多长时间呢？我们知道，人的大脑里面约有 860 亿个神经元。计算机要超越人类，就得有上千亿个量子位。而目前，量子的位数每年增加 1 倍。按照现在的科技发展速度，计算机要达到人类的水平大约需要 27 年。这个计算是非常简单的。

上面的估算是以 2016 年为基准的，所谓 27 年以后，也就是 2043 年了。到了那个时候，或许我们担心的就不是强人工智能能否实现，而是人工智能会不会威胁人类的问题了。

总的来说，根据我的猜测，人类大脑是经典计算机和量子计算机的某种综合。当然这并不是定论，需要很多的科学实证。

最后，我以我的一句口号结束这一讲。这句口号就是：没有量子就没有智慧。

第 **8** 章 量子力学

——你是全宇宙不可复制的唯一

什么是量子?

什么是量子力学?

量子对宏观世界有影响吗?

为什么一定要研发量子计算机?

上一讲，我们讲人工智能的时候，量子力学方面的内容略有提及，这一讲我们集中来讲。本讲分三部分。第一部分解释量子是什么。第二部分分析量子和人类世界的关系。最后一部分，我们回到之前提到的量子计算机的话题，说说量子计算机对人类的意义。

什么是量子

2014 年上映的一部科幻电影叫《超体》，不知道大家有没有印象？扮演女主角的，便是著名演员斯嘉丽·约翰逊。这部电影时间有点久了，先来回顾一下剧情梗概。

主角是一个叫露西的女生，她的男朋友是个毒贩，后来被抓了。再后来组织贩毒的黑帮找到了露西，让她也来贩毒。他们采取的方式就是划开她的肚皮，塞一大袋毒品进去，再缝起来。因为一些外部原因，装毒品的袋子破了，毒品漏了出来，被她的身体吸收了。这是一种新型毒品。她的身体起了很多变化，尤以脑部的变化最大。她因此获得了一些超能力，由此引发一连串的怪事。电影里面出现了一位黑人科学家，据他说，我们人类的大脑通常只使用 10%，并没有全部派上用场。而由于毒品的影响，露西大脑的利用率越来越高，最后竟然达到了 100%。达到 100% 之后，人就变成了纯粹的精神体，处于纯粹的量子态了。

纯粹的量子态这个概念，我们在之前的内容中提到过，用来解释《2001：太空漫游》里的灵童大卫·鲍曼。大卫·鲍曼进入大石头之后，最终变成一个纯粹的精神体。如果这个纯粹的精神体处于纯粹量子态的话，那就不再需要很多物质来支持了。

之所以提到这两部电影，是因为其中的情节和我们这里要讲的量子之间，存在一定的关联。当然，电影中的情节很多已经超出现代物理学的认知范围了。我要说的，只是物体可以变成纯粹的量子态。

除了回顾这两部电影，我们还要回顾一个重要的事实。

费曼说过，如果人类文明被毁灭，而我们有机会留一句话，藏于地下，传于后人，这句话应当是什么呢？他认为，这句话应当是：物质是由分子和原子组成的。当然，这里的物质指的是地球上、太阳上、行星上的常见物质，不包括暗物质和暗能量。

物质是由分子和原子组成的。听起来很简单，但实际上这句话非常重要。因为只要这句话让后人或者其他文明知道了，他们就可以利用这句话去研究物质，并最终发现物质的结构。然后再一步步研究，就可以揭示这个世界的物理学规律。所以这句话确实非常重要。

我们确认所有的物质都是由分子和原子组成的。分子和原子是非常微观的。普通的分子，小的还不到1个纳米，甚至只有十分之一个纳米，大的也不过几十个纳米。有些大分子还可以更大些，却仍属纳米级别。如此微小的尺度，带来了一个新的问题。

假设我们敲一块石头，把它敲碎了，仍继续敲，最后就只剩下组成这块石头的分子和原子了。一旦到了这个级别，整个世界就彻底不一样了。不像我们日常生活中看到的：有一块石头放在那里，你不动它，它就不动；你把它扔出去，它的运动轨迹是确定的，它会在空中划过，形成一条抛物线。可是，你如果扔的是一块石头的分子呢？它们就没有固定的轨迹。就算放在那儿，你不动它们，它们也不会静止不动地待着，它们还是要动。

换句话说，量子的状态是违背我们的日常生活经验的。

第一个发现量子的人是德国物理学家普朗克。量子的发现是一个意外。当时他在研究与光有关的一个著名的问题，也就是黑体辐射问题。黑体辐射问题讲的是，当光处于一定的平衡状态的时候，比如太阳辐射的光子，便是处于黑体辐射状态了。所谓的平衡状态，拿气体来说，就是把气体加热，然后恒温处理，这时气体就处在平衡状态下。光子的平衡状态也是可以通过这种方式实现的。普朗克当时就在研究：如果把光子也加热到一定的温度，光的能量波长的分布是怎么样的呢？

过去经典物理学给出的所有结果，都是错的。在研究光处在平衡态时的频率分布时，普朗克发现了量子。他发现光是由最基本的能量子组成的，光的能量是不连续的，不是无限可分的。它分到最后，一定频率上只能有一定的组分，不能更多或更少。

后来，爱因斯坦继续研究发现，其实这个能量子就是一个粒子，储存光的一个基本粒子。这个基本粒子叫光子。光子像是一个基本粒子，比如电子，不再可分了。再分的话，它就什么都不是了。既然光是由粒子组成的，那么就可以推出，一定频率上的光子的能量也是一定的，不能少，也不能多。也就是说，给定一个频率，我们去观测这个频率上的光子，就会发现每个光子的能量都是相同的，都等于频率乘以一个常数。这个常数就是著名的普朗克常数。

爱因斯坦把普朗克最早提出的量子概念具体化了。在爱因斯坦看来，量子不是别的，正是粒子。光子不仅有特定的能量（等于它的频率乘以普朗克常数），同时还有特定的动量。根据爱因斯坦的研究，光子的动量与它的能量成正比。能量越大，动量就越大。尽管所有光子都是以光速运动，但是，频率不同，光子的能量就不同，动量也就不同。

爱因斯坦就用这个假设，解释了一个著名的实验，即光电效应实验。实验方法是，将一束光打到特定的材料上面，我们观察材料上的电子会不会被打出来。我们将单一频率的光打上去，电子有可能打出来，也有可能打不出来。但是打出来还是打不出来，跟这束光的强度无关，只跟它的频率有关。

为什么爱因斯坦的假设可以解释这个实验呢？我们刚才讲了，特定频率的光，不管是强是弱，它都是由特定能量的光子组成的。强光含的光子多，弱光含的光子少。一个电子能不能被打出来，取决于它在原子里面有多少势能。势能决定了它会不会被光子打出来。如果电子的势能恰好跟光子的能量一样大，那电子就可以被打出来。爱因斯坦的假设，解释了为什么某个频率的光可以把电子打出来，但其他频率的光就打不出来。打不出来的原因是，光子的能量跟电子的势能不对等。即便光再亮，强度再大，打得时间再长，只要光子能量不够，电子就不会被打出来。而只要光子的能量等于电子的势能，哪怕光再弱，也能把电子打出来。这就解释了光电效应。

我们回到跟日常生活更相关的话题。我们都知道，这个世界是由分子和原子构成的，人体也是如此。人体内大约 70% 是水，水是小分子。除了这 70% 的水之外，就都是大分子了。当然，人的身体里面还生活着数量众多的细菌，这方面我们暂时不去考虑。

人体里的大分子是由数以千万计的原子构成的。无论 DNA 还是线粒体，都含有成千上万个原子。我们做一个大致的估算，就可以得出一个人体内原子的数量。具体的过程比较复杂，我们这里只说结果。根据估算，人体里大约有 7000 亿亿亿个原子。注意，这里连用三个"亿"，就相当于 7000 后面跟着 24 个 0。再算上 7000 的 3 个 0，也就是说，一个人体内的原子数量，可多达 28 位数。这是一个非常巨大的数字。

正因数量如此巨大，人体才不会表现出不确定性。虽然电子、光子都是不确定的，但是我们人的身体是确定的。因为我们体内有太多太多的原子，大量的原子、分子组成人体，使得它跟我们前面提到的石头一样，服从决定的、有因有果的因果链。

然而，这个结论可能不适用于人类的大脑。我们之前讲过，人的大脑也许存在着宏观的量子现象。但无论如何，可以确定的是，在宏观层面上，人的身体是处在一个满足经典力学而无关量子力学的状态。

量子在生活中的体现

　　刚才提到了一个重要的事实，就是所有的物质都是由分子、原子构成的。而分子、原子和光子都一样，都属于比较小的微观粒子。它们是具有量子性质的。

　　我们先来讲一讲所谓的量子性质是如何跟日常生活里很多重要的东西产生关联的，让大家有一个大概的印象。之后我们再具体解释什么是量子性质。

　　刚才说了，我们的身体是由原子和分子构成的。有人可能想过，既然我们的身体是由分子和原子构成的，而分子和原子里面又有巨大的空间，构成原子的电子和原子核只占很小一部分。换句话说，大部分地方是空的，我们称之为虚空。更进一步说，人的身体是由电子和原子核构成的，而电子和原子核之间存在着巨大的虚空。跟人体一样，椅子内部也是如此。那么两个虚空物体相遇，为什么不会对穿而过呢？

　　具体点说，为什么一个人能坐在椅子上，而不会突然掉下去呢？为什么水可以盛在杯子里，而不会从杯子里面漏出来呢？一张桌子放在那里，如果没有人动它，它可以几年不变。物质感觉上都是稳定的。

当然，物质也有不稳定的时候，比如发生化学反应的时候。那是因为能量使物质变得不稳定。例如，煤气被点燃后，和氧气发生作用而释放热量；炸药被点燃后，发生爆炸。但是对于绝大多数物质来说，不同的东西放在一起也不会发生化学反应，而是会继续保持各自的状态。

这其实就是在问：既然电子和原子核中间是虚空，却为什么既不会爆炸，也不会塌缩？要解决这个问题，就要先解决一个更加基本的问题：为什么电子会绕着原子核旋转，而不会被原子核吸引过去，跌落到原子核上？

大家知道，如果电子真的因为原子核的吸引而跌落到原子核上，那么就没有原子了，而没有原子也就没有了分子，更不会有物质了。所以，我们这里首先要解释一下原子的稳定性。我们以氢原子为例。一个氢原子中间的原子核就是质子，带一个正电，而电子带一个负电。电子绕着质子转。按照我们通常的想法，可能电子会掉到质子上，导致氢原子消失。可是我们都知道氢原子不会凭空消失。

这是什么原因呢？量子力学可以解释原子的稳定性。换句话说，量子力学告诉我们，电子绕着原子核转的时候，它有个最低能量状态。这个最低能量状态可以保证电子不掉在原子核上，而是处在靠近原子核的一个地方一直跑动。这就是电子的基态。处于基态时，电子不会掉到原子核上，氢原子仍然是原子的状态，只不过电子距离原子核比较近，但却一直在绕着原子核转。

可是这个基态是怎么确定的呢？量子力学的解释，主要借助著名的海森堡不确定性原理完成。不确定性原理说的是，当我们测量一个基本粒子时，我们要想把它的具体位置测量得非常精确是很困难的。为什么这么说呢？因为如果我们想把它测量得无限精确，那么用于测量的机器所需的能量就要无限大。如果机器的能量无限大，那么它给这个基本粒子的能量也将是无限大。那么此时，这个基本粒子的能量就是不确定的，或者说无限地不确定。简单来说，就是如果一个基本粒子的位置是无限确定的，它的能量，或者它的动量，或者它的速度就是无限不确定的。

我们打个比方，比如说我要看一个电子在荧光屏上具体的位置，我就得拿光来看——这个电子打到荧光屏上发出的光。光的波长越短，我知道这个电子的位置就越精确。如果波长短到无限，那么根据我们前面提到的爱因斯坦的理论，它的频率就会高到无限，那么光的能量就要大到无限。换句话说，必须要用无限大能量的光，才能知道这个电子非常精确的位置，而能量无限大的光又导致这个电子的能量无限地不确定。

由此，我们就可以得到一个结论，就是任何一个基本粒子的位置和能量都是不能无限地精确确定的。如果一个无限地精确确定，那么另外一个就是无限地不确定。

对于电子来说，以氢原子为例，原子里面电子的动量必须大于等于普朗克常数除以它离原子核的距离。用公式来表示就是：

$$p \geqslant \frac{h}{|x|}$$

那么我们再看看，整个电子的能量是多少呢？通常就是动能加上它在原子核库仑势场中的势能两部分。如果我们把第一个不确定性原理的不等式代进来，我们会发现势能是大于两项之和的——一项是跟距离的二次方成反比，一项跟距离成反比。这两项加起来是大于等于一个常数的，而这个常数就是这个电子的最小能量。换句话说，这个电子不可能是无限小能量的。如果它跑到原子核上，它的势能就是负无限大了。那是不可能的，因为受到这么一个不等式的制约：

$$E = \frac{p^2}{2m} - \frac{c^2}{r} \geqslant \frac{h^2}{2mr^2} - \frac{c^2}{r} \geqslant \frac{me^4}{2h^2}$$

这就告诉我们一个事实：电子是不可能无限靠近原子核的，它存在一个基态。

不确定性原理告诉我们，原子是稳定的。

但原子稳定不等于物质稳定。虽然我们用不确定性原理解决了原子稳定性的问题，但并没有解决物质稳定性的问题，因为物质是由大量的电子和原子核组成的。我们可以想象一下，如果我们把很多原子核放在一起，很多电子放在一起，让这些电子绕着刚才的那些原子核转动，我们就造出了一个大原子来。

这个大原子有可能比这个物质本身小。换句话说，物质是可以塌缩的，塌缩成一个非常巨大的原子。那么这件事情为什么没有发生呢？简单用不确定性原理是解决不了这个问题的。

我们来看看下面这张图（图8-1）。我们把深色部分认为是一堆原子核的结合，而浅色的是一堆电子的结合。如果让浅色的部分绕着深色的部分转，那就变成了一个大的原子。大的原子有可能是一堆物质塌缩成的。人们能够解释为何这种情况没有发生，已经是很晚的事情了。在海森堡解决原子稳定性问题之后几十年，提出三级文明"戴森球"的著名物理学家戴森，和他一个年轻的助手罗纳德，于20世纪60年代率先解决了这个问题。

图8-1　一堆原子核的结合与一堆电子的结合

　　关于这个问题，他们写了篇非常非常长的论文，详细论述了他们的理由。我们不去复述论证的过程，只讲一个非常重要的结论。

　　他们在论文中提出，原子主要的构成部分确实是原子核和电子。电子有一种非常重要的特性，就是不能处于同样的状态。换句话说，我们很难把电子聚到一起来，而使之合而为一。它们只能一个一个绕着原子核转。这是电子一个非常非常重要的特性，叫作费米统计。

　　不过单凭电子的这一特性，尚不足以证明物质是稳定的，还必须经过严格的推导。

　　再后来，到了二十世纪八九十年代，又出现了两个数学物理学家，一个叫利布，一个叫蒂林。这两个人将戴森和罗纳德的证明化繁为简。所谓的"简"，是对专业人士来说的，一般人看了，仍会觉得十分复杂。

　　要证明物质的稳定性，需要两块基石：一是不确定性原理。它决定了原子是稳定的；二是电子的排他性，即电子不可能处在同一个状态——说白了就是，它们是不愿意跑到一起的。这就解决了物质稳定性的问题。

　　以上这两点，不确定性原理和电子的排他性，就是我们之前提到的量子力学的特征。

牛顿力学是不能告诉我们这些的，因此牛顿力学不能解决物质稳定性的问题。我们解释了物质的稳定性，就是解释了为什么物质不会塌缩成一个巨大的原子。

但是，我们还是没有解释物质为什么抱团在一起，而不会分散或者爆炸。我们刚才说了，炸药点着了会爆炸，那是化学反应。同样的，火点着了煤气，煤气就会燃烧，这个是不稳定性。但通常情况下，物质放在那儿是不会出现这两种情况的。为什么呢？这牵涉到另外一个重要的事实。当原子形成的时候，原子之间存在着一定的吸引力。它一定不是排斥力，因为如果是排斥力，那就是爆炸或者燃烧的情况了。只有把容易发生化学反应的东西放在一起，才会产生排斥力，才会爆炸。通常的物质，因为原子之间有吸引力，而且这个吸引力足够强，因而不会解体，更不会爆炸。正是原子之间的吸引力，使得一块石头成为一块结实的石头，使得一块钢材成为一块结实的钢材，使得一颗钻石成为一颗"恒久远，永流传"的钻石。

这其实也是量子力学的一个特征。经典力学告诉我们，我们无法判定原子之间到底是排斥力还是吸引力，而量子力学告诉我们，原子之间可以存在一种量子的吸引力。而这个量子的吸引力并不是简单的电磁力，它是通过化学键起作用的，而这个化学键则是纯粹量子化的东西。

打个比方，现在有两个氢原子放在一起。我们知道每一个氢原子都是一个电子绕着一个原子核在转。当我把两个氢原子放在一起的时候，两个电子可能同时绕着两个原子核转，就形成了一个化学键。也就是说电子被这两个原子核共享了，形成了一个氢分子。

这个现象说明了吸引力的存在。氢分子的一个重要的特征就是，它的一个电子可以同时绕着两个原子核转。这是一个量子力学的特征。除氢分子外，很多其他物质也有这样的特征。所以物质是稳定的，既不会塌缩也不会爆炸。

量子的作用

看过《星际迷航》的同学，可能都注意到了这么一段情节：柯克船长和他的队员们经常站到一个圆形的机器里面，然后一束光打下来，他们就都不见了。与此同时，他们会突然在另外一个地方甚至是另外一个星球出现。

这其实就是一个虚构的量子传输机。

量子传输机的工作原理是什么呢？真的有可能实现吗？我们这里就来简要地讨论一下。

大家应该都知道《阿凡达》这部电影。"阿凡达"是什么呢？这是从英文音译过来的一个词，英文是 Avatar，意为化身。换句话说，就是可以化身成他人的人。在《阿凡达》电影里面，有一个腿被打断的战士跑到潘多拉星球，变成了那个星球上的原住民。他是复制了大脑过去的。

从本质上来说，他的情况跟前面提到的《星际迷航》中舰长的情况如出一辙，玄机都在于人的复制。

人的量子传输又分两种情况：一种是直接把人传输到别的地方；

另外一种是把人的意识复制到另外一副身体里面去。但归根结底还是一回事，就是复制。区别只在于复制整个人，还是只复制大脑。

要阐释这个问题，我们得从一个最简单的量子力学定理谈起。这个定理叫作量子不可克隆定理。

日常生活中，我们会接触到各种各样的复印机。比如，我有一部小说想要同时分享给很多人，那我就需要用复印机复印。我们用复印机复印，其实是想复印多少份就可以复印多少份。但一涉及量子，情况就不同了。量子不可克隆定理告诉我们，量子态是不可以这么复制的。无论我们用复印机复印纸上的内容，还是用现在很流行的3D打印机打印三维物体，其实都是对经典态的复制。量子不可克隆定理是说，整个世界是处于量子态的，当我们复制经典态的时候，并没有把所有的量子态复制过去，而只是把经典态的一些特征复制过去了。比如说，我们复印纸上的文字，只是创造一份样子相同的文件，并没有把这张纸上所有分子、原子的状态都复制过去。量子不可克隆定理告诉我们，要把这张纸所有的分子、原子状态都复制过去是做不到的。

这个定理证明起来比较复杂，这里就不讲了。要而言之，一个电子也好，一个人也罢，想把它的量子状态完全复制是不可能的。

如果你一定要复制，那么就必须破坏原来的状态。比如说，把我复制到另外一个人身上，那我这个人就不能存在了。只有把我毁灭掉，才能复制到别的地方去。

这就是量子不可克隆定理。复制完成后，虽然我还是我，但已经不存在原来的那个我了，新的我是唯一的。换言之，量子态可以复制，但只能是一换一，而不能是一生多，从而保证量子态永远唯一。

那么我们再回忆一下刚才提到的电影情节，看看这些情节是否能够在现实中真实演绎。

《星际迷航》中的一个经典镜头，就是柯克船长和其他人站在机器里面，然后灯光一亮，他们就不见了，出现在了别的地方。《阿凡达》电影的最后，男主角杰克死了，纳美族人希望他复活，就在灵树下祈祷，做种种仪式，借助灵树把他复制到阿凡达的身体里面。

两部电影似乎都向我们传达了一个信息，尤以《阿凡达》表现得最为明显，那就是人只会出现一个，原来的那个人其实在复制时就已经死掉了。也就是说，不可能同时有两个一样的人，否则便是违背了量子力学的不可克隆定理。我们一直假设人的意识是量子的，看来两部电影的编剧跟我们思想很合拍，也做了同样的假设，因此才有这样的情节设置。

再强调一下，量子不可克隆定理并没有禁止复制人，只是禁止"批量"复制人。把一个我复制成两个我、三个我、四个我，是不可能的。量子力学允许的是把我复制到另外一个地方去，但是前提一定是原来的我已经被毁灭了，不存在了，这样才会诞生一个新的我。

说了这么多，既然量子不可克隆定理允许对人进行复制，那么究竟如何才能实现呢？

复制一个人就需要准备和这个人一样大的量子态。我们前面提到过，组成一个人的原子大约有7000亿亿亿个。那么要复制一个人的话，就必须另外准备7000亿亿亿个原子。新准备的7000亿亿亿个原子，状态可以是混乱的，但构成上还是有一定的要求，就是要跟人体元素构成保持一致——要有一定比例的氢原子、氧原子、碳原子、氮原子，还要有一定比例的钙原子、铁原子等。要注意的是，一旦完成复制，原来的那个人就不存在了，变成了7000亿亿亿个无序存在的原子。

除了原子这个物质基础，要完成复制还需要一台复制设备，也就是量子拷贝机。这台量子复印机必须能扫描出我身上所有的量子信息，从而保证复制的完整性。所谓的量子拷贝机，本质上说，就是一台量子计算机。用来复制的量子计算机不能太简单，至少要有 7000 亿亿亿个量子位才行。

前面我们估算过，要制造出千亿量子位的计算机，大约还要等上 27 年。到那时我们人类的科技才能达到这个水平。而且 27 年还是非常乐观的估计，是按量子位每年增加一倍算出来的。而我们这里讨论的是 7000 亿亿亿个量子位，需要的时间就远远不止 27 年了，至少三倍于此，大约就是 80 年的时间。我们算一下，80 年后差不多是 2100 年。乐观地估计，到了 2100 年的时候，我们的地球上也许会诞生这么一台强大无比的计算机。只有到了那个时候，《星际迷航》《阿凡达》里面的场景，如远距离传送，才有希望在现实生活中出现。也只有到那个时候，我们才可能看到，一个人站到一台机器里面，突然消失，又在另外一个地方突然出现。

这仍是一个非常乐观的估计。一些悲观的人认为，我们这里定义的强人工智能是永远也实现不了的。当然悲观的人也有他悲观的道理，因为要做到这一点确实需要耗费巨大的物力和财力。

量子拷贝机就算出现，也属于未来，我们还是回到现实世界，看看量子技术的发展情况吧。

首先说说量子通信。其实我们中国，在这方面的研究还是比较领先的。量子通信，在某种程度上说，跟刚才说的量子拷贝机是一样的，都是需要大量量子位的一个系统。比如说用光子的话，就需要大量的光子纠缠在一起，才能实现量子通信。

量子通信研究已经有了一定的进展，但距离实际应用还很远，到底需要多长时间，我们还没办法进行精确地估计。利用之前估计量子拷贝机办法，我乐观地估计了一下，2030 年之前大概是办不到的。所谓实际应用，举个例子说，就是用量子通信技术播放一段视频。

我们前面说过，到了 2030 年，摩尔定律将会失效。甚至有人估计，5 年之后摩尔定律就要失效。这在我看来，未免过于悲观。如果 5 年之后摩尔定律失效的话，很多科技公司的下场将会很惨。

摩尔定律失效在即，量子计算机姗姗来迟，青黄不接的局面似乎避无可避。2030 年失效也好，2020 年失效也罢，摩尔定律总要失效，早早晚晚而已。可就算是 2030 年吧，那个时候，经典计算机遭遇了发展的天花板，而能够大规模推广的量子计算机，以及能实际应用的量子通信技术，又都还没出现，人类届时将遭遇发展的瓶颈。注意，我们这里说的能实际应用的量子通信，不是简单的量子通信，而是能把一档电视节目实时传播到太空站上面的量子通信。

第 9 章 计算机与航天

——飞天是场压力山大的旅行

计算机的发展趋势是怎样的?

未来的航天会发展到什么程度?

航天的能耗如何计算?

这一讲，我们讲两个看似不相干的主题：计算机与航天。其实这两个领域对现代社会都很重要，和我们的未来更是息息相关。《三体》作者、科幻作家刘慈欣曾经说过，在过去几十年里，计算机技术发展得非常快，差不多每隔 10 年就换一个样子。但航天领域，却是另一种情况。虽然很多科幻作家都写过太空歌剧式的小说，描述人类如何飞出太阳系，飞向其他恒星系，甚至飞出银河系，但预言中的大航天时代却迟迟不至。这是为什么呢？

计算机的发展

谈计算机的发展历程，就得从第一台计算机谈起。

20 世纪 40 年代，第一台计算机 ENIAC 在美国宾夕法尼亚大学诞生。这台计算机体积庞大，占据了整整一个大厅，里面安装了很多巨大的电子管。注意，当时使用的还是电子管，而不是晶体管。那个时候，电子管是很大的，而我们现在用的电子元件，如晶体管、二极管、三极管，虽然还没有达到纳米级，但也都是几十个纳米尺寸的了。现在的一小块芯片，上面其实集成了很多很多的元器件。而第一台计算机 ENIAC，不但体积庞大（约为 2.4 m×0.9 m×30 m），造价高昂，而且耗能巨大。

耗能巨大到什么程度呢？据说 ENIAC 一旦开动，小半个费城的电就没了。我们刚才提到了，它用的是电子管，而电子管是非常耗电的。

拿第一台计算机和现在的计算机对比，我们就会发现，计算机的确发展得很快。其中很重要的一个方面是耗能。计算机的元器件发展迅速，第一代计算机问世不久，二极管即被用于计算机的制造。

人们用半导体制造二极管，制造出来的二极管耗电是非常低的。时至今日，英特尔公司可以在一枚很小的单晶硅上做出很多大规模的集成电路，制成芯片。这种芯片耗电就更低了。

其实从手机上也能看到类似的演变过程。大家都知道，手机有一个很突出的问题，就是续航能力不足。充一次电能用多长时间，是人们买手机时都非常看重的。问题尽管存在，可总的来说，新款在这方面总是要强过老款的。手机上面电子元件的耗能也在一直往下走。

了解了推动计算机进步的一大原因，我们就来梳理一下，看看计算机各部分到底经历了怎样的耗能变化。

先从二极管开始分析。

我们现在用的二极管，实际上是用 PN 结将两个电极连在一起。正向电压产生电流，反向电压不产生电流。它是单向性的，相当于一个开关，起到阻断和连通的作用。

开关对于计算机非常重要，它代表一个数字。我们知道计算机是二进制的，因此计算的时候就可以制定一个规则，比如说 0 代表关上，1 代表开着。除此之外，操作系统的时候也有类似的需求，比如说 CPU 的运行也需要二极管。

除了二极管，还用到了三极管。三极管是在二极管之后发明的，对于计算机的进步，起到了了不起的推动作用。发明三极管的三位物理学家因此获得了诺贝尔奖。

不同于二极管的开关功能，三极管起到的是放大信号的作用。具体的原理比较复杂，我们这里就不谈了。我们现在的大部分电器，无论收音机、电视机还是计算机，都离不开三极管的放大功能。

网上至今仍流传着一些视频，讲人类是如何利用一堆沙子造出芯片来的。沙子的主要成分是硅，熔炼以后制成单晶硅，然后用激光在上面雕刻线路，最终得到我们需要的芯片，也就是集成电路。集成电路中的每个元器件都是非常非常小的，尺度在几十纳米，我们用肉眼根本看不到。小小一枚芯片上面密布着海量的线路。

我们前面谈过了，摩尔定律将会在 2030 年失效，甚至提前到 2020 年也是有可能的。摩尔定律失效的问题，其实就是物理极限问题，也就是物体尺寸可以小到什么程度的问题。换句话说，人类的芯片和电子元件是不可能无限小下去的。

我们知道了计算机的基本电子元件，现在就来算算，这些电子元件需要的最小电量是多少。

康奈尔大学的一位物理学家叫鲁尔夫·兰道尔，他在 20 世纪发现了一个定律。这个定律指出，要完成一次操作，也就是把 0 变成 1 或者把 1 变成 0，需要的能量大概是多少。这个能量是非常微小的。公式有点像我们前面提到的熵的一个公式，具体表述为：

$$Q \geqslant kT\ln2$$

这个公式中，kT 是玻耳兹曼能量。k 是玻耳兹曼常数，T 是集成电路当时的环境温度。按照室温来算的话，这个数字是非常小的。前面我们在讨论熵的时候也提到了这个问题。而 ln2 本身也非常小，所以操纵开关完成一次操作，需要的能量也是非常小的，大约只有 1.0×10^{-21} 焦耳。焦耳这个单位我们前面也提到过，1 个焦耳就是把 1 千克的物体提升 10 厘米所需要的能量。而我们这里得出的数字是 1.0×10^{-21} 焦耳，大约就是把 1 千克的物体提升远小于一个原子核大小的距离所消耗的能量。

对我们来说，这个能量已经小到完全可以忽略了。不过只有先知道这个能量的大小，才能计算出耗能的速度。根据前面提到过的测不准原理，或者叫不确定性原理，如果某个过程的耗能是一定的，那么需要的最短时间必然也是一定的。这个时间等于普朗克常数除以这个耗能。

$$t = \frac{h}{Q}$$

我们把前面得出的数字——也就是把 1.0×10^{-21} 焦耳代入公式，就可以得出这一过程需要的最短时间。算出来的这个时间非常短，只有 1.0×10^{-13} 秒。

现在我们知道需要的能量是 1.0×10^{-21} 焦耳，需要的时间是 1.0×10^{-13} 秒。两者相除，得出的就是它的功率。

$$P = \frac{Q}{t} = \frac{Q^2}{h}$$

计算得出的这个数字也非常小，差不多只有 1.0×10^{-7} 瓦，也就是一千万分之一瓦。

下面我们来开个脑洞，探讨一下人体的能量和计算机运行所需能量之间的关系。

1999 年上映的电影《黑客帝国》不知道大家还有没有印象？电影中，几乎整个人类都被机器统治了。机器为人类创造了一个虚拟的世界，让人觉得好像还生活在现实世界中。而根据电影的描述，驱动这台机器的能量就是人体提供的——把一些人放在液体里面，通过很多的连接线给机器提供能量。

结合前面讲过的内容，我们看一看这个情节安排是否合理——人体是否真的能为计算机运行提供足够的能量？

答案是肯定的。

我们知道，人体在不断消耗能量，即便睡觉的时候也不例外，只不过耗能低一些而已。人体是在不断发热的，这正是消耗能量的一个表现。那么我们人体发热产生的热量大概有多少呢？一般而言，一个体重 77 千克的人，睡觉时每秒钟产生的热量大约是 43 焦。按一次基本运算耗能 $1.0×10^{-21}$ 焦耳计算，即使处于睡眠当中，一个人发出的热量，也足以支持 4 亿次基本计算。这本身就是一个非常庞大的数字，更何况在《黑客帝国》中是有很多人同时在为机器提供能量呢。

人体的情况就是这样。我们再来看一看其他物体，看它们都能提供多大的能量。

万事万物都蕴含着热量。因为根据量子力学，组成每种物质的分子和原子都在不停运动，都具有动能。

我们来看一个感觉上不含能量的东西，看它所能提供的能量有多大。这个东西就是我们日常生活中经常见到的冰块。我们平时放进饮料里的一小块冰，重约 36 克，大约含有 12 亿亿亿个原子。而我们前面提到过，人体里面大约有 7000 亿亿亿个原子，由此可见这么一小块冰，所含的原子还是很多的。

我们再根据量子力学，计算出每个原子的动能，从而得出这 36 克冰所蕴含的动能大约是 15 万焦。

本书一开始我们就说过，一个人若是一直处于睡眠状态，那么只需要基础代谢就可以维持生命。而这个基础代谢大约需要 370 万焦的能量。这么说来，要满足人体的基础代谢，只需 900 克冰即可。从理论上来说，我们用不到 1 千克的冰块，就可以保证人睡眠一天的能量所需。

当然，根据前面讲过的熵增原理，要把冰的能量提取出来是很困难的，因为有热力学第二定律。热力学第二定律告诉我们，必须把这些冰块跟绝对零度的东西放在一起，也就是跟没有办法再降温的东西放在一起，才可能把冰块中所有的能量都释放出来。只有通过这种办法，才不会破坏热力学第二定律，才能像我们刚才提到的那样，用 900 克的冰提供我们睡眠一天所需要的能量。所以，我们要实际操作的话，还是很困难的。

航天的发展

亚瑟·克拉克在 1968 年上映的电影《2001：太空漫游》里面早就预言了，2001 年的时候人类将飞向木星。虽然我们现在确实有一个叫朱诺的航天器正在飞向木星，但那只不过是一个机器，而不是人。到底是什么原因限制了人类的宇宙航行呢？

我们前面用了很大的篇幅讲计算机耗能，可能大家已经猜到了。我们在本讲开篇时提到的，计算机和航天发展速度的差异，本质上就是耗能的差异。计算机的迅速发展，一定程度上是得益于不断降低的耗能。

在讨论航天之前，我们先讨论一个过渡话题，讨论一下一般动力机械的耗能。

先从生活中常见的汽车开始。汽车可以说是计算机与航天器的中间产品。

汽车要正常工作，就得烧油，不管是汽油还是柴油——先不讨论电动汽车的问题。热力学第二定律告诉我们，汽油或柴油燃烧产生的能量是不可能 100% 用于驱动汽车的。真正用于驱动汽车运动的能量，只是其中的一小部分。在理想状态下，燃烧汽油或柴油所得的能量中，大约只有 40% 被有效利用。也就是说，燃烧产生了 100 焦的热量，用于驱动汽车的顶多不过 40 焦。

40% 这个比例，来源于热力学第二定律衍生出的一个效率公式：

$$Q = 1 - \frac{T_c}{T_h}$$

其中，T_c 为汽车整体温度，T_h 为发动机内部温度。一般情况下，汽车的整体温度在 300 度左右，而燃烧汽油大约会造成 200 度的温差，发动机内部的温度大约就是 500 度。当然，我们这里说的是绝对温度，而不是摄氏温度。由此可以计算出来，热能利用效率在 40% 左右。另外，从这个公式我们也可以看出，燃烧的温度越高，燃料的利用率就越高。

我们这里计算出的，仅仅是热力学第二定律允许的理想效率。换句话说，实际的效率远远没有那么高，一般只有 20% 左右，差不多是理论值的一半。

从这些数据不难看出，汽车和计算机相比，不仅耗能大，而且能效低。

在此基础上，我们再进一步，讨论一下如果汽车可以飞行，那么它的能耗是什么情况。

电影《阿凡达》中最大的飞鸟，叫 Toruk，我们在前面的课程中提到过，不知道大家还有没有印象？鸟类的飞行速度极限，是由其代谢率、体积等因素共同决定的。具体来说，因为鸟的代谢率是有限的，而它飞行时的能耗又随着体积和体重的提高而迅速攀升，所以鸟的体型越大，速度就越受限。

同理，机器的飞行也存在类似的情况。机器越重，飞行时需要消耗的能量就越多。我们这里想象出来的飞行汽车，最保守估计也有 1 吨重。若它以 30 米 / 秒的速度飞行，阻力是升力的五分之一，需要的功率大约是多少呢？

通过计算可以得出，这辆飞行汽车需要的功率大约是 6 万瓦。再将 20% 的转换效率考虑进去，实际耗能就达到了 30 万瓦。这是一个非常大的功率了，大约是一辆 400 马力的汽车的耗能的 3 倍。而生活中常见的汽车，一般只有 100 ～ 200 马力。

所以，以我们现有的技术，发展飞行汽车，从能源利用角度来说是非常不合理的。它的能耗太高了。

飞行汽车讲完了，我们接着讲一讲一次性发射。这跟发射航天飞机更为相似。比如说，我们要发射一枚没有推动装置的导弹——也就是说，这枚导弹发射出去以后，只有一个很高的初始速度，不存在发动机之类的装置为它二次施加推动力。

为了简化计算，我们暂时忽略空气阻力，尽管实际上空气阻力对导弹的飞行影响非常巨大。

这是一个非常简单的物理学问题。这样发射导弹和抛出一颗石子本质是一样的。它的运动轨迹是一条抛物线，而这条抛物线的形状以及飞行的距离，都只跟初始速度的大小和方向有关。生活经验告诉我们，如果初始速度的方向不对，物体就很难飞远。大家应该都知道，以 45° 角发射飞行距离最远。角度偏大，则虽然飞得高，却飞不远；角度偏小，则飞行时间有限。这是可以推算出来的。

前面说了，我们假定空气阻力不存在。如果把空气阻力算进来，飞行的轨迹就不再是严格意义上的抛物线了。

除空气阻力外，既然是发射导弹，就要考虑地球曲度。我们知道，地球是一个球体，地平面存在一定的弯曲，不完全是平的。如果我们假定导弹飞行的距离在 1000 千米之内，那么就可以不必考虑曲度的问题，因为在这个距离范围之内，曲度对计算结果影响不大。

假设导弹的发射角度为 45°，初始速度是 100 米 / 秒，忽略空气阻力和地球曲度。我们利用下面这个公式，可以很容易地计算出导弹飞行的距离：

$$R = \frac{v^2}{g}$$

我们可以算出，导弹飞行的距离大约就是 1 千米，从发射到落地的时间大约是 14 秒。而发射的一瞬间，这枚导弹的动能大约是 5.0×10^6 焦，也就是 500 万焦。

如果我们再把导弹发射的初始速度提高一点，提到 320 米 / 秒，那么这个时候，虽然飞行时间还是不到 1 分钟——大约只有 44 秒，但飞行距离却提高到了 10 千米。换句话说，如果我们把初始速度提高 3.2 倍，那么最终的飞行距离可以提高 10 倍。而且我们知道，动能是和速度的二次方成正比的。既然速度提高了，动能自然也要提高，同样提高 10 倍左右，数值为 5.0×10^7 焦。

我们再把初始速度提高 3.2 倍，使其达到 1000 米 / 秒。这时，导弹的飞行时间就是 2.36 分钟，飞行距离将达到 100 千米，而初始动能则会再提高 10 倍，达到 5.0×10^8 焦。

以此类推，速度每提高 3.2 倍，导弹飞行的距离就增加 10 倍，初始动能也同样提高 10 倍。

现在也有人根据导弹的原理，提出弹道飞车的设想：就是用发射导弹的方式，发射我们乘坐的交通工具。这一设想如果真能实现的话，由上文的公式可知，我们就可以在极短的时间内跨越一段极长的距离。到那时，我们还可以设计一些真空管道，从而有效地避开空气阻力，使这些弹道飞车的参数逼近理论值。

当然，设计弹道飞车，不能不考虑人的因素，比如人体可以承受多大的加速度。例如，我们前面提到的，要在 1 秒钟内把速度从 0 提高到 3.2 千米 / 秒的话，人需要承受的力还是很大的。不过类似的旅行方式一旦实现，人类的旅行时间就会大大缩短，比如，我们可以在 10 分钟内去到 1000 千米以外的地方。而即便是目前最快的客机，飞 1000 千米也得花上 1 个小时。也就是说，旅行同样的距离，耗时仅为现在的六分之一。除此之外，我们还需要考虑加速和减速的过程。导弹是不需要平稳落地的，而交通工具则不然，若以极高的速度俯冲地面，乘客是基本上不可能存活下来的。

再回到导弹上，继续谈飞行需要的动能。还是前面说的那枚导弹，想要它飞行 1000 千米，初始动能就必须达到 50 亿焦耳。大家感兴趣的话可以计算一下，要产生这么大的动能得烧多少吨汽油。航空航天所以发展缓慢，耗能巨大是背后的主要原因。

说了那么多，也该见识下真正的航天器了。

先从普通的火箭谈起。

火箭的飞行，和我们刚才提到的那种导弹的飞行，是不一样的。火箭自带燃料。通常来说，火箭飞得越高，需要的燃料就越多。可是燃料也是计入火箭自重里的，也需要克服重力场飞行——或者说，维持燃料自身的运动也需要燃料。显而易见，这其实是一种非常不经济的运行方式。

计算火箭能够达到的最大速度也有一个公式。假定有一枚火箭垂直向上飞行，其自重是 m，燃料的质量是 M。我们预期的是，当这些燃料完全耗尽的时候，火箭恰好达到最高速度。另外，我们假设火箭喷射燃料的速度固定为 u。经过一系列的推演，我们就得到了这一计算公式：

$$V = u\ln\left(1+\frac{M}{m}\right)$$

因为取了对数，所以速度提升的速度是要小于燃料质量增加的速度的。火箭发射的原理，也可以运用到前面提到的弹道飞车上去。我们有很多种办法让弹道飞车加速：可以让它自带燃料，也可以给它通电——就像生活中常见的高铁和动车一样。

还说火箭。举个例子，现在有一枚火箭，燃料的喷射速度是 2.6 千米 / 秒。代入上面的公式可以算出，要使这枚火箭达到同步轨道速度，就必须加注相当于火箭自重 20 倍质量的燃料。也就是说，如果火箭自重 100 吨，那么它携带的燃料就得达到 2000 吨。

最后，我们谈另外一个和航天有关的话题。

我们都知道，人类在太空中是处于失重状态的。这对于人体的影响还是很大的。长期处于失重状态很难受，做很多事情都很困难。我们在地球上可以很简单就做出的动作，比如喝水，一旦到了太空也会变得很棘手，而且水洒出来的话，还会浮在空中。所以，我们看很多科幻电影，里面都有产生重力的装置。比如《星际迷航》里面的企业号，就配备有这样的装置。

其实从理论上来说，要产生重力，最简单的方法是把飞船设计成环状。只要保证飞船边飞边旋转，旋转产生的离心力就可以充当重力，宇航员只要头冲着圆环的中心，脚踩着圆环的外缘即可。这个离心力越接近地球的重力，宇航员们在太空中感觉就会越舒适。《星际穿越》里面，从地球飞到土星附近的航天器就是一个旋转的环状结构。环上有一个个格子，每个格子都受到一个向外的离心力，都可以住人。

假定这个飞行器或者太空站的半径是 R，那么它产生的旋转加速度很容易算，就是转动速度的二次方除以 R。

$$g = \frac{v^2}{R}$$

看一个例子。假定一艘飞船的半径是 1 千米，若要旋转加速度达到地面上的重力加速度，根据公式可以得出：转速应为 99 米 / 秒。这还不算太快，还处于人体可以承受的范围内。若是换成《星际穿越》里面那个航天器，因为它的半径略小，所以转速还会相应地低些。

当然，这里说的只是线速度，没有说到角速度。比如我们前面提到的，飞船半径为 1 千米，转速为 99 米 / 秒，转一圈需要几十秒钟的时间。这个速度其实很慢了，人体完全可以接受。

电影《星际穿越》里面那个航天器，它的旋转速度其实是严格计算出来的。有兴趣的同学可以再去重温下。它的转速设定得刚刚好，没有一秒钟转好多圈，也没有几分钟才转一圈。这部电影可以说制作得很用心了。

第 *10* 章　太空移民

——建一座通天塔可好

地球周围有适合太空移民的地方吗?

太空移民的目的地应该是什么样的?

我们要如何才能到达这些目的地?

我们前面讲到了太空旅行的发展情况及其需要的能量。下面我们来讲讲，太空旅行的限制条件一旦打破，人类是否可以进行大规模的太空旅行和太空移民。本讲分三部分。首先我们讲"拉格朗日点"。不仅听着很专业，它本身也很重要。相信大家在读航天方面的文章的时候，或多或少地都碰到过这个词。然后我们要讲太空站的容量问题，探讨一下实施太空移民需要多大的太空站。最后我们讲讲太空移民的方式，看看除了火箭之外，还有没有其他什么办法可以把人送上太空站。

拉格朗日点

中国的航天事业正处于一个飞速发展的阶段，各种资讯也是满天飞。大家可能从不同的渠道都听说过"拉格朗日点"，可它究竟代表什么，可能很多人并不清楚。

首先请大家看下面这张图（图 10-1）。这张图上显示的就是存在于两个天体之间的拉格朗日点。

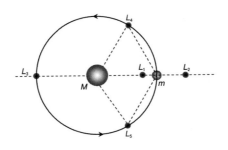

图10-1　两个天体之间的拉格朗日点

假设图中质量较大的是地球，旁边那个质量小些的是月球。我们知道，地球的质量大约是 6.0×10^{24} 千克，月亮的质量大约是

7.0×10^{22} 千克。图中另外 5 个标注为 L_1 到 L_5 的圆点，就是拉格朗日点。换句话说，地球和月亮组成的系统中，存在 5 个拉格朗日点。

对拉格朗日点有了一个直观的印象后，我们就来了解一下拉格朗日点具体是什么。

拉格朗日点是拉格朗日在研究三体问题的时候发现的。这里的"三体"指的是地球、月亮和飞行器或者太空站这三个物体。三体问题本身是很难解的，看过小说《三体》的同学应该都清楚。

但是拉格朗日发现，在实际的研究过程中，可以对这个问题做一定的简化。具体来说，就是假定月亮绕着地球转的时候，我们的飞行器是跟月亮同步的。当飞行器跟月亮同步围绕着地球旋转时，就会存在着 5 个特殊点，使得飞行器相对于月亮和地球保持静止。如果在地球和月亮之间画一条线，并以此作为参照的话，这 5 个点的位置就是不变的。换句话说。当月亮绕着地球转的时候，这 5 个点同时绕着地球转，而且相对位置保持不变。

我们在具体解释这 5 个点是怎么来的之前，先要解释一下月亮的周期。

严格说来，月亮和地球是同时绕着月亮和地球的重心在旋转的。不过这个重心非常靠近地球而远离月亮。我们前面提到了地球和月亮的质量，可以看出月亮其实只相当于 0.0123 个地球的质量。它的重量可以忽略不计。在这种情况下，月亮和地球的重心其实就是地球的重心。

根据开普勒定律，周期的二次方跟距离的三次方成正比。而正比系数就等于 4 乘以 π 的二次方除以万有引力常数，再除以质量。该公式表述为：

$$T^2 = \frac{4\pi^2}{GM}R^3$$

在这里，质量就是地球的质量。距离呢，就是地球到月球的距离，大约是 38 万千米。万有引力常数在国际单位制里边是 6.67×10^{-11}。把这几个数字代进去计算一下，就可以得出月亮绕地球旋转的周期大约是 2.35×10^6 秒。折算一下，大约就是 27 天多一点。这个数字大家应该都比较熟悉了，因为在很多根据月亮变化制定的历法中，一个月就是 28 ～ 30 天。

清楚了月亮围绕地球旋转的周期，我们就来介绍一下前面提到的5 个拉格朗日点的情况。

这些拉格朗日点在月亮绕着地球旋转的时候也同步绕着地球旋转，所以这些点其实也是通过万有引力定理推算出来的。但是因为每个点的位置不同，计算过程也不尽相同。下面我们就来具体介绍一下每个点的推演过程。

首先看 L_1 点。

从图上可以看出，L_1 点是月亮和地球之间的一个点。这个点比较靠近月亮，距离地球较远。L_1 点同时受到地球的万有引力和月亮的万有引力。这个 L_1 点上的飞行器既然是绕地球旋转的，那它受地球的万有引力肯定要更大一些。因为在旋转的过程中，L_1 点的飞行器肯定还会受到一个离心力。只有当其受到的地球的万有引力大于月亮的万有引力的时候，才能保证各种力的合力是朝向地球的。而这个合力又平衡了飞行器受到的离心力。

此时我们假设，这个飞行器离地球的距离是 l_1，离月亮的距离是 l_2。据此我们可以得出一个公式：

$$\frac{4\pi^2 l_1}{T^2} = \frac{GM}{l_1^2} - \frac{Gm}{l_2^2}$$

把上一个关于 T^2 的公式代入进来，整理一下也可以得到一个新的公式：

$$\frac{1}{(l_1+l_2)^3} = \frac{1}{l_1^3} - \frac{m}{M}\frac{1}{l_2^2 l_1}$$

第二个公式涉及的质量我们是知道的，月亮到地球的距离是确定的，由此就可以算出第一个拉格朗日点 L_1 的具体位置。

存在一种特殊情况，需要给大家解释一下。比如从地球发射一颗卫星，卫星的目标高度不是很高的话——比如发射到地球的同步轨道上去，月亮的引力是可以忽略的。这虽然也比较类似于一个拉格朗日点，但是因为距离地球太近，月亮的引力太小，基本上可以忽略不计，一般不把这个点称为拉格朗日点。

下面我们再来计算一下第二个拉格朗日点的位置。

再看前面的图片，找到 L_2。第二个拉格朗日点 L_2 位于地球到月亮连线上的另一端。换句话说，它比月亮离我们还远，在月亮的背面。这个位置其实是受到了地球的万有引力和月亮的万有引力在同一个方向上的合力。这个合力必须平衡它的离心力。

这种情况下，也有一个公式计算它的位置。假设 L_2 点距离月亮的距离是 l_2，该公式可表述为：

$$\frac{1}{R^3} = \frac{1}{(l_2+R)^3} + \frac{m}{M}\frac{1}{l_2^2(l_2+R)}$$

通过这个公式我们便可以计算出 L_2 的具体位置。

我们这里讲到的 L_1 和 L_2 都处在地球和月亮的连线上，不过 L_1 在地球和月亮之间，L_2 在月亮的外侧。除此之外，月亮和地球的连线上还存在着第三个拉格朗日点 L_3。它处在连线上，与月亮相对的另外一侧。这个点到月亮的距离大于到地球的距离，且不在地球和月亮之间。

计算 L_3 同样有一个公式：

$$\frac{1}{R^3} = \frac{1}{l_1^3} + \frac{m}{M} \frac{1}{(l_1+R)^2 l_1}$$

我们代入已知的数据 R、m 和 M，也可以得出具体的位置。处在这个位置上的就是第三个拉格朗日点。

除了这三个位于地月连线上的拉格朗日点，另外还有两个拉格朗日点。这两个拉格朗日点位于月亮绕着地球旋转的轨道上。如果我们在这两个点之间连线，会发现这根线跟月地连线呈 $60°$ 夹角。

这个角度也是可以通过计算得出的。因为计算过程比较复杂，这里就不展开讲了。简单来说，由计算结果可知，这两个拉格朗日点中的任意一点其实都是受到月亮和地球的引力的合力。而这个合力正好指向月亮和地球的中心。换句话说，这两个拉格朗日点上的物体是绕着地球和月亮的中心运动的。在这两个地方受到的引力是正好可以和在这两点受到的离心力相平衡的。

太空站的大小

我们之所以要在前面花大量的篇幅讲拉格朗日点，主要是因为，在这五个点上放置太空站的话，其相对于地球和月亮的位置是不变的。这就非常有利于我们从地球和月亮上向太空站输送物资。

确定了太空站的位置，我们就要来计算一下，把特定数量的人口移民到太空，需要多大的太空站。

假定我们要在第一个拉格朗日点的位置放置一个太空站，需要移民 1000 人上去。我们现在需要估算一下，在地球无法向其输送物资的情况下，要保障这 1000 人的日常生活，太空站需要多大的面积。

从能源的角度来说，太空中最方便使用的就是太阳能了。这可以通过安装太阳能收集装置来实现，太空站上适合安装的位置很多。所以，能源需求对太空站面积的要求并不高。

除此之外，要保障人类的生存，还必须满足基本的粮食需求。而从农业的角度来说，土地和产出基本上呈线性关系。这对太空站的面积要求就很高。我们就以粮食需求为依据，分析一下养活 1000 人的太空站究竟需要多大。

先回顾一下前面提到过的，人体每天消耗的能量是多少。我们说过，哪怕是睡觉的时候，人体还是在不断地消耗能量，因为要辐射热量。这个能耗大约是 43 焦耳每秒，也就是 43 瓦。而人醒着的时候，可想而知，消耗的热量会更多。平均来说，人一天消耗的热量大约是 2000 大卡，或者说能耗是 100 瓦。

既然假设了太空站上要住 1000 人，我们就用 100 瓦乘上 1000，得出这个太空站所有人的总能耗为 10 万瓦。人体用不了电池，也不能直接通电，所需的能量要从蔬菜、谷物、肉类中获取。

不过我们暂时不考虑肉类。虽然很多人喜欢吃肉，可肉类中蕴含的能量来得过于奢侈，相比之下，吃粮食蔬菜合算得多。这其实很容易理解。我们都知道，肉类来自于动物，而动物本身也需要食物，也需要消耗大量的农产品。但是从农产品到肉类，能量不能完全转化，是要打一个折扣的。并不是说动物摄入了多少能量，都能留在体内，以供人类再次摄入。这个折扣在 10% ～ 20%。换句话说，动物能够提供人类的能量，可能只有它消耗的能量的 10% ～ 20%。所以暂时就不考虑在太空站里饲养动物了，大家暂且做一回素食主义者。为了尽量控制太空站的大小，只好将就了。

回到正题，我们算一下，仅仅依靠植物提供能量的话，太空站需要有多大的面积。

一般来说，植物依靠光合作用制造养分，农产品生长所需的能量主要来源于太阳。然而，光合作用的效率很低，仅为 1% 左右，植物的利用率也很低，大约也是 1%。拿普通的面包举例。烤制面包需要面粉，而面粉的来源是麦子。直观地看，麦穗本身占整个麦子的比重就不高，而且从麦子到面粉，这中间又有一些损耗。所以植物的利用率大约只有 1%，不超过 2%。用光合作用的效率乘以植物的利用率，可以算出我们所能利用的植物中的能量，仅为其接收的太阳能的万分之一到万分之二。也就是说，一个人要获得 100 瓦的能量，就要消耗一万倍于此的光能，也就是 100 万瓦。

由此入手，就可以开始我们的计算了。

我们前面提到了，地球的五个拉格朗日点都分布在地球和月球附近。那么地球距离太阳 1.5 亿千米，地球的拉格朗日点距离太阳也就差不多是 1.5 亿千米。在这个距离上，每平方米能够接受多少光能是一定的，约为 1360 瓦。我们前面提到了，为保证粮食供应，空间站上一个人需 100 万瓦的光能，折算成面积约为 1000 平方米。这已经是我们目前人均居住面积的几十倍了。

太空站住 1000 人的话，需要的农田面积大约就是 100 万平方米，也就是 1 平方千米。如果太空站是一个正方形，它的边长就必须达到 1000 米。

前面讲了，这个假设的前提是，太空站与太阳之间的距离，和地球与太阳之间的距离大致相等。既然如此，上面得出的数据对于地球表面也同样适用。换句话说，在地球上，一个人要想生存，就得拥有大约 1000 平方米的农田。而实际上，根据近期的统计数据，全球人均耕地面积是 0.26 公顷，也就是 2600 平方米。这个数字还是大于我们估算出的最低值的。但是要注意，耕地上长出的庄稼，不只供人食用，动物还要消耗一部分。而现在的情况是，现有的耕地还是可以满足人类的各种食物需要的，包括蔬菜、粮食、肉类等。

从这个角度来看，地球的人口增长是有一个上限的，不可以无限制地增长。人口数量的大幅度提高，首先可能导致的就是无法获得足够的肉类——我们说了，从肉中获取能量效率很低。即便是所有的人都吃素，根据我们最乐观的估计，人口也只能再增加 1.6 倍。况且，在人口增加的同时，还会有越来越多的耕地挪作他用。而一旦人均耕地跌破临界值，我们就无法获得足够的食物，从而会引发饥荒、贫困、疾病甚至战争等一系列问题。为了保障人类的基本需求，很多专家都建议将地球的人口控制在 100 亿以内。

太空旅行

我们知道了太空站的位置，也知道了太空站的大致尺寸，下一步要考虑的，就是如何把大量的人口送入太空了。大家知道，中国现阶段的载人航天飞行，每次最多载 3 个人。而我们要运送的却有 1000 人之多！

以现有技术而论，想要多拉快跑，成本是很高的。所以有人就提出，能不能造一架梯子，直通目标太空站。很多电视塔内部都有电梯，乘坐电梯可以直达塔尖。如果把电梯做长些，再长些，一直抵着太空站的话，问题就迎刃而解了。

其实这个设想自古有之，并非现代人的原创。读过《圣经》的同学对巴别塔的故事应该不会陌生。在这个故事里，一群操同一种语言的人，在"大洪水"后从东方来到了示拿地区，并决定在那里修建一座城市和一座能够通天的高塔。上帝见此情形，就把他们的语言搅乱，使之无法交流，还把他们化整为零，分散到世界各地。

我们就来看看这种设想在理论上是否行得通，若要实施需要哪些条件。

经过计算，我们知道最近的拉格朗日点距离地球有十几万千米，远的甚至超过了地月距离，在 38 万千米以外。而地球赤道的长度却只有区区 4 万千米。

要建造一架这么长的天梯，主要问题就是材料问题。我们说了，太空梯的长度至少要十几万千米。而在这个距离范围内，梯子所受的引力和离心力都是非常大的，对材料强度要求特别高。而且这架太空梯，不同的位置受到的力也是不同的：越靠近地球，受到的引力就越大；越靠近拉格朗日点，受到的离心力就越大。这两个力大约在同步轨道的高度上达到了平衡。

先来计算一下同步轨道的高度，公式如下：

$$T^2 = \frac{4\pi^2}{GM}R^3$$

因为是同步轨道，所以周期就是地球的自转周期。经过简单的变形，就可以得出：

$$r = \left(\frac{GMT^2}{4\pi^2} \right)^{\frac{1}{3}}$$

用这个公式计算出来，同步轨道的高度大约是 42 000 千米。需要注意的是，这个高度是相对于地心的，要计算同步轨道相对于地面的高度，还要扣掉一个地球半径——大约 6000 千米。同步轨道距离地面有 3 万多千米。

我们前面说了，太空梯位于同步轨道以下的部分受到的主要是地球的万有引力，而在同步轨道的上方，则主要受到向上的力，也就是离心力。虽然上半部分太空梯也同样受到地球的引力，但这股力已经被更强大的离心力平衡掉了。而在我们刚刚计算出来的同步轨道的高度上，太空梯可以说是不受任何力的影响的，因为引力和离心力刚好相互平衡。确定了这个高度，我们就可以分别计算一下，看看太空梯各个部分受到的力是多少。

计算太空梯所受到的引力非常简单，就是把太空梯的总质量乘以重力加速度，得出的就是受到的引力。但是这里的重力加速度并不是我们平常所说的 9.8 米 / 秒 ^{2}。因为太空梯是向上延伸的，一直延伸到离地球很远的地方，因而受到的重力加速度是不断减小的。我们假定是有一个有效的重力加速度，处于 0 ～ 9.8 米 / 秒 ^{2}。

我们假定同步轨道以下的太空梯的长度为 L，截面为 A，密度为 ρ。那么它总的质量就是 ρ 乘以 L 乘以 A。在此基础上再乘以有效的重力加速度，就得到了太空梯所受的拉力（也就是地球引力）了。

$$T = Mg = \rho g L A$$

我们得到了总的拉力，再除以横截面的面积 A，就可以得到单位面积太空梯所受到的拉力。

$$Y = \frac{T}{A} = \frac{\rho g L A}{A} = \rho g L$$

假设太空梯用钢索制作，长度为 14 万千米。我们知道，钢索的密度大约是 8 吨 / 米 ^{3}。把相关数据代入公式，可以算出材料的受力极其巨大，约为 1 万亿牛顿 / 米 ^{2}。

这是一个非常庞大的数字，远远超出了现有钢材的强度范围。所以说，用钢材制作太空梯是完全不可行的。

除了钢材之外，我们还有一些新材料，比如最近很流行的纳米管。纳米管有两个重要的特点：第一，很轻，比钢材要轻得多，因而受到的重力也就小得多；第二，纳米管所能承受的拉力很大。

选用纳米管建造太空梯的话，可以造多长？纳米管的密度取 1 克 / 厘米 ^{3}，张力取 100 亿牛顿 / 米 ^{2}——也就是 1.0×10^{10} 牛顿 / 米 ^{2}，利用前面的公式可以计算出来，纳米管太空梯的极限长度可以达到 1000 千米。而太空梯的目标高度是 14 万千米。差了两个数量级。所以说，纳米管也不符合要求。

既然单从材料着手无法达到目标，于是就有人提出，既然越到上方，太空梯受到的拉力越大，那么如果把上部的截面做得很大，平均下来，单位面积上受到的拉力就小了。而太空梯下方受到的拉力小，主要是受重力的影响，我们就把太空梯下方的截面积做得小些。

这就跟我们平常见到的塔差不多，不过是颠倒过来的。普通的塔是上小下大，而这里设想的太空梯却是上大下小，或者说，就是一个倒梯形的样子。

按照这个想法施工的话，纳米管太空梯的高度就可以达到 15 万千米，与目标高度吻合。具体的计算过程就不多说了。只是，这种形状也会导致一个问题，就是太空梯上方的横截面可能会非常大。按我们现在的设计，这座太空梯达到 3 万多千米高度的同步轨道时，那里的宽度已经达到了地面宽度的 600 倍。由此可能还会引发其他很多的问题，这里就不一一展开了。

当然，除了材料以外，可能还会遇到另外一些比较实际的问题。比如说，就算我们成功制造出太空梯，那么它的运行问题依然难解。十几万千米的旅程，会牵扯出外界环境问题、动力来源问题、时间消耗问题等，必须加以通盘考虑。

我们前面讲到的是从地球向附近的拉格朗日点移民。如果有一天，我们在更远的地方，发现了一个适宜人类居住的星球，又要如何前往呢？这里我给大家介绍一个稍微可行些的办法，就是利用弹弓效应。

已经多次提及的著名科幻作家阿瑟·克拉克，其实早就在他的作品中提出了这个设想。而这一设想在现实中也得到了应用：美国航天局在发射探测器的过程中，就已多次用到这个原理。

想把一个航天器发射到别的行星上，需要给它很大的速度，能源消耗非常大。而利用弹弓效应，则能够帮助我们节约一部分能源。

弹弓效应是什么呢？弹弓效应就是利用行星（也包括地球）来加速航天器。其效果是非常明显的。图 10-2 中，中间的大圆圈代表地球，向左边运动，速度为 v_2。假如我们希望航天器也向左运动，且速度很高，高到难以实现，那么我们就可以让这个航天器先向右运动，初始速度设定为 v_1。这个航天器飞行中会受到地球引力的影响，从地球的右侧绕个圈子，折返回来，再与地球同方向运动。这个时候，航天器的速度就不再是 v_1，而是 v_1 加上 2 倍的 v_2。我们知道，地球的速度是很高的，更何况还乘以 2 呢。如此一迂回，航天器就可以达到一个很高的速度。

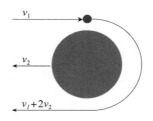

图10-2　弹弓效应原理图

弹弓效应的原理其实很简单。以地球为参照系的话，航天器的初始速度就不是 v_1 了。因为它和地球相向运动，所以相对于地球的话，它的速度就是自己的速度 v_1 与地球的速度 v_2 之和。由于能量守恒，航天器绕着地球转一圈以后，它向左运动的速度不变，以地球为参照系的话，仍是 v_1 与 v_2 之和。而这时地球的速度仍是 v_2，那么航天器的真实运动速度就需要在原来的基础上再加一个 v_2。

　　最近使用这个效应的航天器，是美国发射用于探测木星的朱诺号。该航天器于 2011 年 8 月发射升空，2016 年 7 月进入木星轨道。而再早一些，拍摄到冥王星图片的新视野号，飞赴冥王星的过程中，同样利用了木星引力助推。

　　未来，我们发射其他航天器，少不了还会继续利用弹弓效应。

第 *11* 章 宜居行星

——新家有风险，流浪须谨慎

地球的哪些因素有利于人类居住？

人类可否往太阳系的其他行星移民？

宇宙中可能存在其他的宜居行星吗？

上一讲讨论移民太空站的问题。这一讲我们看看，人类能否绕开太空站，向别的星球移民。本讲分两部分。首先讲讲地球为什么适合人类居住，以及太阳系其他行星与地球环境的异同。然后讲讲现阶段人类对太阳系外可能存在的宜居行星的探测情况。

八大行星

太阳系里面一共有八大行星。这跟我们以前的提法有所不同，以前常说"九大行星"。原因是，2006 年的时候，原先九大行星之中的冥王星，因为不符合国际天文联合会对行星的定义而被排除在外，所以只剩下了八大行星。

首先说说我们的地球。可能大家会觉得地球是这八大行星中最美丽的一颗。因为从卫星照片上看，地球呈现出美丽的蔚蓝色。这是因为地球大部分被海洋覆盖。如果拍摄到大气的话，还能看到地球周围浮动着一些白色的东西。当然，地表也有大约 30% 的陆地，上面居住着我们人类。

我们以前提到过，地球的半径是 6000 多千米——严格来说，是 6371 千米。注意，这里说的是平均半径，并不是说地表上每一点距离地心都是 6371 千米。其实，我们的地球只能说非常接近于一个标准的球体，并不是真正意义上的标准球体。一般来说，地球赤道的半径要比南北极半径略长一些。

总体而言，地球还是一颗固态行星。太阳系中还有一些气态星球，我们后面会介绍到。地球的平均密度是 5.52 克 / 厘米^3，比一般岩石的密度稍微低一点。而且，越靠近地球中心，因为万有引力产生的挤压效果，密度就越高。到了地幔之下，岩石就越来越少，逐渐被液体取代——因为岩石都受热熔化了。而再往下，靠近地核的地方，温度更高，还会看到液态的镍、铁等。

虽然地球内部都是高温的液体，但是地球表面的温度还是很宜人的，为人类的生存创造了条件。地表附近大气的平均温度是 15℃。当然这个是全球范围内的年平均值，具体到某个区域、某个时间，还会受到纬度高低、季节变化、日夜交替等因素的影响。其中，日夜交替其实对维持地表温度起到了很重要的作用。白天的时候，太阳光可以直射到大气中，产生温室效应，把大气的温度提高。而到了晚上，虽然大气可以起到一定的保温作用，但是气温还是会下降。正是日夜交替，保证了特定区域的温度不会升得太高，也不会降得太低。

地球表面除了大气之外，还有一样对于生命来说非常重要的东西，就是水。甚至可以说水比大气还要重要——跟哺乳动物不同，一些厌氧细菌是不需要氧气的，甚至根本无法在大气中生存。

另外，地表还有植物，植物也起到了平衡大气的作用。植物在白天的时候，因为光合作用，吸收二氧化碳并释放出氧气。这很大程度上使得地球上的氧气不会被动物消耗完。而且，因为氧气在大气中存在的时间长了，也可能会跟地球上的一些物质发生反应（比如说铁的氧化、铜的氧化），这些反应消耗的氧气也需要植物进行一定的补充。

以上就是地球的基本情况以及宜居的主要原因。下面我们来看看太阳系中其他几颗行星的情况，看它们是否适合人类移居。

我们先来对这八大行星做一个宏观上的了解。

距离太阳最近的是水星，其次依次是金星、地球、火星、木星、土星、天王星和海王星。其中，水星、金星、地球、火星为固态行星，而木星、土星、天王星、海王星是气态行星。后面几颗因为是气态，体积要比前面几颗大得多。体积最大的是木星，有上千个地球那么大。就算把太阳系里面其他所有的行星、小行星、彗星放在一块儿，总质量也比木星小。

地球距离太阳大约是 1.5 亿千米。与地球相邻的金星和火星，距离太阳分别是 1 亿多千米和 2.2 亿多千米。太阳发出的光，照射到地球大约需要 8 分钟，而照到距离最远的海王星，则需要 4 个多小时。

有了这些基本的概念，我们再来审视一下地球以外的七大行星。

首先看距离太阳最近的水星。它的直径还不到 5000 千米。也就是说，水星的直径还没有地球的半径大。前面说了，水星和地球一样属于固态行星，其平均密度也和地球类似，只略低一点，大约是 5.42 克/厘米³，八大行星之中排名第二。水星这个名字，听起来好像水很多，很宜居，但实际上，因为离太阳太近，又几乎没有大气，所以温差极大。水星上，白天的温度可以蹿升到 400℃以上，而到了晚上又会骤然跌落，跌至 −200℃左右。

八大行星中，第二靠近太阳的是金星。它的直径比较接近于地球，为 12 000 多千米，而地球的直径是 13 000 多千米。它的密度也和地球比较接近，是 5.2 克/厘米³。虽然不是距离太阳最近的，但是它的温度比距离太阳最近的水星还要高，平均温度高达 464℃。原因就是金星表面覆盖着厚厚的大气层，且其中的二氧化碳含量超过了 96%。强烈的温室效应使金星的温度远远超过水星。

金星再向外，就是我们的地球了。前面已经讲过，不再重复，跳过地球直接看火星。

很多科幻作品，都曾幻想过地球人移民火星。相较于其他几颗行星，火星与地球最为相似，无论在温度方面，还是在其他自然条件方面。火星的直径是 6794 千米，与地球的半径相当。它的密度是太阳系四颗固态行星里面最低的，仅为 3.94 克 / 厘米^3。火星的大气相对于地球来说非常稀薄，大气压还不到地球上的 1%。白昼温度与地球比较相近，约在 27℃。但是因为大气过于稀薄，保温作用太弱，到了晚上火星的温度会下降到 -133℃。

人类通过不断观测，发现火星上有冰存在，也有湖泊的遗迹，火星探测器传回的资料对此也有印证。很早以前就有不少人相信，火星上曾经存在过液态的水，几亿年前甚至还存在过海洋。时至 2015 年，美国航空航天局最终宣布，在火星上发现液态的盐水。另外，根据观测，火星上的高山也很多，最高的可达 27 千米，差不多是 3 个珠穆朗玛峰的高度。其实这很容易理解，想想我们前面讲过的地心引力的知识就很好明白了：火星体积小，密度低，因而万有引力就小，相比地球，同样一个东西在火星上会更轻，自然也就能堆得更高。

介绍完了太阳系中的四颗固态行星，下面再来看看另外四颗气态行星。

距离太阳最近的气态行星是木星。我们前面提到过，木星是太阳系里面最大的行星。它的直径长达 14 万千米，超过了地球的 10 倍。但是因为是气态行星，所以它的密度非常低，平均下来只有 1.32 克 / 厘米^3。但因为体积非常巨大，即便密度这么低，它的质量还是非常大的。值得一提的是，虽然木星是气态的，不适宜居住，但是它附近有几颗卫星，尤其是木卫二，它也是固态的。有科幻作家怀疑木卫二上有生物，比如阿瑟·克拉克，他的作品中就有人类到木卫二上探测，发现了海洋等情节。而现实中，人类对木星的探测已经展开，我们前面提到的朱诺号，就在执行探测木星的任务。

　　八大行星之中，比木星离太阳稍远的是土星。土星没有木星那么大，可它的直径也达到了 12 万千米。它的密度比木星还低，只有它的一半多一点，是 0.7 克／厘米^3，已经比水还要轻了。土星最大的特点是，它有一个土星环。土星环中有不计其数的小颗粒，大小从微米级到米级不等，主要成分都是水冰，以及一些尘埃和其他化学物质。

　　再向外，就是天王星了。相比前两个气态行星，它要小很多，但是 5 万多千米的直径依然还是地球的数倍。它的密度和木星差不多，为 1.318 克／厘米^3。天王星比较有特点的地方是，它是躺在轨道平面上旋转的。也就是说，不同于地球的自转轴大致上与轨道面垂直，它的自转轴是与轨道面平行的。

　　最后要介绍的是海王星。八大行星之中海王星离太阳最远。它的半径要比天王星略小一点，大约是 4.9 万千米，不过它的密度却是这四颗气态行星中最高的，达到了 1.66 克／厘米^3。所以，虽然在八大行星中它的半径只排第 4，可质量却排在了第 3 名。不同于其他行星都是被直接观测到的，海王星最早是人们用数学推算的方式推算出来的，先得到可能的位置，再聚焦观测从而最终发现。因此海王星又被称为"笔尖下发现的行星"。

　　既然很多科幻作品都有人类移居火星的构想，那么我们这里就拿它来跟地球做个比较，比较一下这两颗星球的大气情况。

　　一般的说法是，地球和火星的大气层里面都没有氢气。因为氢气比较轻，在一定的温度下，它的速度会高于逃逸速度，基本上不可能存在于大气中。

　　再说氧气。氧气容易跟其他物质发生反应，形成化合物。所以，氧气虽然不会因为速度过高而逃逸，但由于发生化学反应，含量还是会越来越低。在地球上，因为植物的光合作用，不断吸收二氧化碳，放出氧气，所以短期内氧气的含量应该还是比较稳定的。而火星上没有植物，氧气被固体吸收后无法释放，因而火星大气中几乎没有氧气存在。

再有就是二氧化碳了。二氧化碳在地球大气中虽然少，但是起到了重要的保温作用。我们知道，二氧化碳是出了名的温室气体。本来，二氧化碳在地球大气中的含量并不高，但是由于人类活动排放了大量的二氧化碳，一定程度上导致了温室效应的加剧。而火星大气中二氧化碳的含量非常高，超过了95%。从这个角度来说，火星上的温室效应应该很强，可由于大气太过稀薄，最终并没有对温度变化产生明显的影响。具体产生了什么样的影响，我们后面再说。

要而言之，地球大气的主要成分为78%的氮气、21%的氧气、0.9%的氩气、0.04%的二氧化碳。而火星大气的主要组成则包括95%的二氧化碳、2.7%的氮气、1.6%的氩气、0.13%的氧气以及0.08%的一氧化碳。从成分上来看，如果人类要移居火星的话，大气改造方面还需要做很多的工作。

探索系外行星

前面讲了太阳系里面的八大行星。在地球的承载量越来越逼近极限的情况下，为什么我们不考虑移居到其他七大行星上？为什么就连科幻作品的想象也仅仅集中于火星和木卫二，而不是所有的行星呢？这主要是从星球的客观环境是否适宜人类生存的方面考虑的。所以，人类一直不断探索太阳系外部的世界，希望能发现一些环境与地球类似、适于人类居住的行星。

比如 2009 年的时候，美国国家航空航天局发射了开普勒太空望远镜。其主要任务就是探测宇宙中可能存在的类地行星。2016 年 5 月，美国国家航空航天局宣布，开普勒太空望远镜已经发现 1284 颗新行星。

探索到了新的行星以后，我们就要对其进行监测，看一看这颗行星的环境是否适合人类生存。这里，我们就先来讲讲如何计算行星的表面温度。

以地球为例，这是我们最熟悉的星球。平均而言，地球的表面温度约为 15℃。这个数字会随着纬度、季节、昼夜等因素的变化而变化。但是大部分情况下，地球的温度还是介于水的冰点和沸点之间的，不会把水全都冻成冰，也不会把水全部烤成水蒸气。液态的水人们用着才方便。所以总体来说，地球的表面温度还是适宜人类生存的。

因为能量是跟绝对温度的四次方成正比的，所以我们先要把摄氏温度转换成绝对温度。15℃换算成绝对温度的话，就是 288 K。这个数字我们后面会用到。

大家应该都知道温室效应。大气对于地球温度的调节是起到很大作用的。除此之外，地球表面会反射一部分太阳光，也会对地球的温度产生影响。如果地球没有大气也不反射太阳光的话，地球的平均温度会降低到 5℃左右。这个数字是可以计算出来的。

首先我们考虑一下地球温度的来源。地球的能源主要来自于太阳。地球并不会吸收所有的太阳光，而是会反射走一部分，比例大约是 30%。另外，因为大气中含有水蒸气、二氧化碳等温室气体，这些气体会吸收红外线，从而产生温室效应，也会对地球温度产生影响。而且这些温室气体吸收红外线的效率还很高，在 0.77 左右。综合考虑以上两个因素，计算地球在没有大气的情况下的温度 t，需要用到下面这个公式：

$$T = 288 \text{ K} = t \left(\frac{1-a}{1-\dfrac{f}{2}} \right)^{\frac{1}{4}}$$

这个公式具体来说，就是我们前面提到的，太阳光的能量是跟地球表面温度的四次方成正比的，因此求温度就是留下的能量开四次方。现在有一部分 a 反射掉了，那么 1 减 a 就是地球保留下来的能量。但是我们还提到了温室气体吸收红外线引发的温室效应，所以要除掉 1 减去二分之一的 f。把我们已知的数据代进去，求出来的 t 就等于 278 K。这个数字我们换算一下，就是刚才提到的 5℃。

278 K 这个数字很重要，后面还会用到。

可能有人会说，宇宙中的星球，没有大气的很多，但反射率低到可以忽略不计的好像不多。如果地球没有大气，而反射还在的话，温度是多少呢？这个时候，因为一部分能量被反射走了，地球温度会变低，只有 -17℃ 左右。而且，反射率越高，温度就越低。比如说月亮。月亮离地球很近，接收到的太阳能量与地球类似，但因为引力太小，基本上没有大气，而反射率又高于地球，因此温度就比地球低得多，低过 -17℃。

我们说了，地球作为人类的宜居行星，它的平均温度是 15℃，也就是 288 K。而这个温度正好介于冰点 0℃（273 K）和沸点 100℃（373 K）之间。足够多的液态水，是保证人类生存的重要条件。所以，宜居行星的一个重要指标就是，它的温度应该介于水的冰点和沸点之间。

为保证星球温度处于这样一个范围内，在一个星系中，这颗行星与中心恒星的距离也必然落在一个大致的范围内。就太阳系而言，这个范围就是 0.6 到 1.1 个天文单位。这里说的天文单位，是我们人为规定的一个数值，大小等于太阳到地球的大致距离——1.5 亿千米。换句话说，为了保证星球上的水不会完全结冰、也不会完全沸腾，在太阳系里面，只有距太阳 9000 万千米到 1.7 亿千米范围内的行星才符合要求。这个距离范围，就是太阳系的宜居带。

换作其他星系的话，既然星系中心的恒星变了，那么宜居带也会发生相应的变化。

我们刚才提到的计算温度的公式，其实不仅可以用于地球，也可以用于其他星球。行星距离太阳远近不同，接收到的太阳的能量也不同。太阳光四面八方向外辐射，因为能量是守恒的，所以随着距离的增大，单位面积上的能量就减小。或者说，能量跟距离的二次方成反比。

考虑了距离的因素，我们对上面的温度计算公式做如下调整：

$$T = t \left(\frac{1-a}{(1-\frac{f}{2})d^2} \right)^{\frac{1}{4}}$$

这就是一般的行星温度计算公式。其中，t 等于 278 K，是利用经验公式推算出来的，前面提到过。这个公式适用于太阳系中所有的行星。代入相关数据就可以得出某颗星球的具体温度。

根据这个公式，我们可以大致推算出来，火星的温度是 -67℃。

然而实际上，火星的温度是 -63℃。这是为什么呢？我们刚才提到了，火星上大气尽管稀薄，却依然存在，而且主要成分是二氧化碳等温室气体。火星大气还是起到了些许的保温作用。

同样地，木星、土星、水星、金星这些行星的温度，也都可以用类似的方法计算出来。

如果要计算其他星系中行星的温度，因为中心恒星不再是太阳了，计算的时候，就要把该恒星的亮度考虑进来。

我们以太阳的亮度为基本单位，计为 1。人类已知的恒星中，最亮的，亮度是太阳的 100 万倍，最暗的，亮度仅为太阳的千分之一。当然，这里说的都是主序星，不涉及那些非常冷的恒星。那些恒星亮度还要更低些。

我们把亮度 L 作为影响因素考虑进来以后，上述行星温度计算公式进一步调整如下：

$$T = t \left(\frac{(1-a)L}{(1-\frac{f}{2})d^2} \right)^{\frac{1}{4}}$$

这个公式就适用于所有的行星了。如果大家有机会写一本科幻小说，写到人类发现宜居行星的时候，一定记得用这个公式计算一下，否则小说的设定可能就会出问题。

我们前面已经说了，恒星不同，其对应的宜居带也不同。假设太阳亮度为1，其他已知恒星的亮度就在千分之一到100万之间。如此看来，宜居带的差别也是巨大的。最暗的恒星的宜居带，距离恒星大约只有三十分之一个天文单位。我们知道，一个天文单位是1.5亿千米，那么三十分之一个天文单位就是500万千米。而最亮恒星的宜居带，距离恒星就非常远了，达到了1000个天文单位，也就是1500亿千米。

上面说的都是平均距离。但是我们知道，很多行星的轨道并不是一个严格的正圆形，而是椭圆形。它是有一个偏心率的。或者说，行星距离恒星的距离是在一个范围内变化的。那么我们就要仔细考虑这个距离变化的范围了。如果变化的幅度太大，可能从平均距离上看是适宜居住的，当它运行到极限距离时，却又不适宜了。

那么允许的偏心率是多少呢？一般来说，必须小于宜居带宽度的一半，否则就会跑到宜居带外面去。对于地球来说，宜居带的一半就是0.25个天文单位。所以说，对地球来说，最远的地方和最近的地方，偏心率都不能大于0.25。否则很有可能出现一段时间水全部结冰、一段时间水全部汽化的情况。

我们前面说了大气会对温度产生影响，其实温度同样也会影响到大气。如果温度太高，大气分子的运动速度就会很快，一旦超过行星的逃逸速度，就有可能摆脱地心引力的束缚，逃逸到外太空。计算极限温度也有一个公式，只是比较复杂，这里就不展开讲了。

判断一颗行星是否宜居，需要综合考虑多方面的因素。任何一个方面的条件不满足，都有可能导致宜居性丧失。所以，有研究科幻的人得出来两个法则。

一曰阿德勒法则，说的是，恒星千篇一律，行星千差万别。我们刚才也说过，恒星的差别就是亮度的差别，其他方面影响不大。而行星的差异则是多方面的，而且表现得非常明显，例如，有固态与气态的差别，有有水与无水的差别，有温度高低的差别，有大气多少的差别，等等。

二曰安娜·卡列尼娜法则。这个法则比较有趣，名字来源于列夫·托尔斯泰的著名小说《安娜·卡列尼娜》。原文是："幸福的家庭都是相似的，不幸的家庭各有各的不幸。"改几个字，用于说明行星情况，就成了：宜居行星都是相似的，不宜居的行星各有各的不足。对于人类来说，宜居行星的环境都是类似的，而不宜居的行星，在环境方面一定存在着或大或小、或多或少的不足。即或是微小的不足，也足以导致一个星球不宜居，所以我们至今发现的行星，应该说都是不宜居的。

第 *12* 章　人类的未来

——去火星植树造林

人类是否会遭遇能源危机?

人类究竟应该如何保护环境?

技术进步将对人类的未来产生怎样的影响?

前面讲了很多宏大的主题。这一讲回到人类自身，探讨一下未来人类的生活将发生哪些变化。此讲分两部分。第一部分，讨论化石能源问题，看看石油、煤炭这些化石能源究竟什么时候枯竭，以及我们应对化石能源枯竭的办法。第二部分，立足于人类现有科技，展望未来，看看未来一段时间内，我们的生活将发生怎样的变化。

可利用的能源

　　前面提到了，维持人类新陈代谢所需的能量，约为 1800 ～ 2000 大卡 /（人·天）。这个能量主要来源于食物。而食物中的能量，则主要依靠植物的光合作用制造。人类科技发展到今天，尤其是工业革命之后，除了维持生命所需的能量外，人类在其他方面消耗的能量也在大幅度增加。我们日常生活中需要的照明、通信、交通等生活配套，其实都在消耗能量。

　　而就目前来说，人类日常生活消耗的能量，主要也还是来源于化石能源。煤炭、石油、天然气等，都属于这一类能源。除此之外，我们还知道太阳能、风能、核能等所谓的新能源，然而这些能源在人类目前的能源消耗中占比很低，还算不上主流。

　　化石能源，从名称上就能判断出来，是古代动植物埋藏地下，历经数百万年而逐步形成的。这些能源，形成缓慢，对外部环境要求苛刻，基本上不可再生，因而称为不可再生能源。

　　既然不可再生，就有耗尽的那一天。那一天何时到来？我们可以用下面的公式估算一下：

$$\frac{\mathrm{d}x}{\mathrm{d}t} = \gamma\,(1-x)$$

其中，x 代表已经消耗的化石能源的比例，数值在 0 到 1 之间。当 x 等于 1 的时候，化石能源即告耗尽。t 代表能源消耗的时间。x 取中间值的时候，能源消耗率最高，或者说，每年消耗的能源最多。

对于石油来说，公式中的系数 γ 约为 10%。也就是说，每年 t 增加 10%。由此可以计算出来，消耗率是越来越大的，而且呈指数增长。从现在估计的数字来看，还没有消耗到一半。可能再过十几年，消耗的石油就会达到一半。具体来说，全球石油储量约为 2 万亿桶，目前每年消耗 300 亿桶。由此可以估算出来，距离消耗完 1 万亿桶，还有十几年。到了那个时候，全球的石油储量最多还能再支撑 100 年。

最近发现了一种新的石油来源，叫作油页岩。油页岩是一种岩石，可以用来提炼石油，从油页岩中提炼出的石油叫页岩油。页岩油的全球储量大约是 4750 亿吨，已探明储量最多的国家是美国。石油 1 吨合 7 桶多，折算一下，页岩油的储量约为 34 000 亿桶。这个量还是相当可观的。

传统石油耗尽后，页岩油还能接力支撑一段时间，可总也有耗尽的那天。在很多人看来，不可再生能源的消耗，最终会导致一系列问题的出现。

首先是因能源争夺而爆发核战争。

战争对人类影响巨大，尤其是核战争，影响可能会巨大到不可估量。核武器不仅能杀人，更能毁灭地球。在核战争的诸多影响当中，尤以核冬天的威胁最大。

核冬天产生的主要原因是，核弹爆炸以后，释放出巨大的能量，将地面上的灰尘及其他颗粒物质卷入大气层中。核弹的当量越大，产生的这种效果就越明显。我们知道，地球的大气分为对流层、平流层、中间层等。灰尘一旦进入平流层，就很难落回到地面，因为平流层的大气主要以水平方向流动为主。这种情况可能会持续几个月，甚至几年。而因为这些灰尘遮蔽、反射、吸收了大量的太阳光，能够到达地面的太阳光就会很少，从而导致地面温度大幅度下降。

我们知道，植物生长需要光合作用，而光合作用积累的能量，是包括人类在内的所有动物所需能量的主要来源。一旦照射到地面的阳光不足，温度降低，植物就会因为无法有效地进行光合作用而死亡。植物死亡后，动物因为无法获取足够的食物，随之也会死亡。最后的结果就是，地球上所有物种从此消失。有一种理论认为，恐龙灭绝可能就是因为一颗小行星撞击地球，产生的尘埃遮蔽了天空，引发了连锁反应。

如何计算能量，前面讲了很多。这里我们就计算一下，把 1 千克物质从地面送入平流层需要多大的能量。这很容易，就是质量乘以重力加速度，再乘以高度就可以了。

$$E = mgh$$

我们把平流层的高度算作 10 千米（也就是 10 000 米），重力加速度取近似值 10 米 / 秒^2，代入公式即可得出，需要 1.0×10^5 焦耳的能量。

实际上，一颗百万吨当量的核弹，爆炸后产生的能量可以达到 4.0×10^{15} 焦耳。即使只有百分之一的能量转化为平流层灰尘的势能，那也是 4.0×10^{13} 焦耳，足以将 4.0×10^8 千克——也就是 40 万吨的灰尘送入平流层。

核大国之间一旦开战，相互发射核弹的话，大家就可以想象一下，将有多少灰尘被送入平流层，将对地球产生怎样难以估量的影响。当然，由于大国之间相互制衡，以及禁用核武器条约的签订，核战争与核冬天发生的可能性已经大大降低了。

也存在另外一种声音，认为所谓的核冬天不过是杞人忧天，核弹爆炸也未必产生多大的影响。毕竟在人类历史上，还没有爆发过真正意义的核战争，核冬天也只存在于人们的想象和理论推演当中。然而可能性毕竟存在，即便只有万分之一的概率，考虑到后果的可怕，我们也要竭力避免核战争。

除了核战争，还有全球变暖。这是利用化石能源所导致的最紧迫、最直接的问题。

全球变暖问题，大家可能从很多途径都有所了解。它的影响范围，已经超出了人类的活动范围，就连人迹罕至的南北极也不能幸免。极地动物以往赖以生存的环境，正被一步步侵蚀。

我们前面讲宜居行星的时候提到过，大气对温度的影响是非常大的。例如我们的地球，现在的平均温度约为15℃，而如果没有了大气的话，则会降低到-19℃到-17℃左右。正因如此，一定程度上说，我们还是要感谢大气、感谢温室效应的。然而事有两面，随着二氧化碳排放量逐年增加，温室效应也在逐年增强，从而导致地球"过热"，引发全球变暖。

我们前面计算没有大气的情况下的地球表面温度，用到过这个公式：

$$T = t \left(\frac{1-a}{1-\frac{f}{2}} \right)^{\frac{1}{4}}$$

由于大气中二氧化碳含量增加，大气吸收红外线的功率也会相应增加，从而导致气温上升。上升的幅度可以用下面的公式计算出来：

$$\frac{\Delta T}{T} = 0.54 \Delta f$$

公式中的温度都是绝对温度。现阶段 f 的值为 0.77。从这个公式中我们可以看出，如果 f 提高 2%，那么温度就会提高 1%。现阶段地球的平均温度约为 15℃，也就是 288 K。288 K 的 1% 约等于 3 K。换句话说，如果大气吸收红外线的效率提高 2%，那么地球的平均温度就会提高 3 度。

过去两个世纪里，由于工业革命，地球大气中的二氧化碳较之前增加了 25%。另外，根据相关测算，二氧化碳对温室效应的贡献率大约是 10%。这样可以算出，温室效应的强度大约提高了 2.5%。而根据实际的气象观测数据，过去 200 年中，温室效应的效率确实提高了 2% 左右，温度随之升高了近 2 度。这个数据和我们计算出来的结果基本上一致。之所以存在一些差距，主要是其他因素的影响，这些因素我们计算的时候给忽略了。

温度升高 2 度看起来没啥，但实际上已经对气候产生了很明显的影响，因为自然界中的一些动植物其实对温度都是相当敏感的。有鉴于此，各个国家纷纷行动起来，接连召开会议，商讨应对全球变暖的办法，并签署了一系列的条约，限制各国二氧化碳的排放。中国的碳排放量目前处于世界比较靠前的位置，遏制温室效应加剧的压力还是比较大的。

一些学者估计，如果找不到有效控制温室效应的方法，那么按照现在化石能源的消耗速度，50 年以后，大气对红外线的吸收效率还会提高 2%，温度也会再提高 2～3℃。大家可以想象一下，夏天的最高温度从 35℃提高到接近 40℃，将会是一件多可怕的事情——毕竟现在"我们的命都是空调给的"。

一开始讲到能源的时候，我曾说过，也许 50 年以后，人类有可能控制整个地球的能源。也许那个时候，我们会更多地使用太阳能、风能等绿色能源，从而减少二氧化碳的排放，有效遏制温室效应的加剧。

未来的生活

随着科技的发展，人类的生活一定会发生一些可以预见的变化。限于篇幅，这里就只讨论几个与科幻相关的话题。

首先一个，就是美国著名物理学家费曼提出的一个设想。大家应该还记得，我们前面提到过他设想的量子计算机。这里要讲的，是他的另外一个设想，即纳米机器人革命。

他曾经提出，人类向内发展的空间是很大的，或者说，微观的空间是很大的。要利用微观空间，一种可能是制造微小的机器人，也就是纳米机器人。叫纳米机器人，并不意味着它们的尺寸必须是纳米级别的。从实用的角度来说，也是没有这个必要的。只是说这一类机器人最小会小到纳米级别，一般的可能处在亚微米级别，或者再小一些。

这种纳米机器人一旦投入使用，对人类来说，最重要的影响可能是在医学方面。在一些科幻作品中，我们应该看到过类似的场景：人们生病的时候，不再服用化学药品，而是吞下去一颗颗的胶囊。胶囊里装着的就是纳米机器人。胶囊溶化以后，纳米机器人就会释放出来，进入血液，随血液去到全身各处，去攻击细菌或者病毒。另外，还有一些人体修复工作也可以由这些机器人代劳。

除了治疗疾病，纳米机器人在研究生命体的组成方面，也会起到一定的作用。大家可能都听说过大分子、DNA、线粒体、分子马达……这些方面的研究，都可以用到纳米机器人。纳米机器人进入人体或者其他动物体内之后，就可以对这些微观结构进行"实地勘察"。

另外一个话题，就是我们前面提到过的火星移民。

大家都知道美国有一个SpaceX公司，这个公司的老板叫埃隆·马斯克。我们经常见到的特斯拉电动汽车，就是他研制出来的。马斯克不仅是特斯拉电动汽车之父，他还在研究火箭，想要找到回收火箭的办法。打个不恰当的比方，以前的火箭就像一颗爆竹，用完了就完了，只剩一地"鸡毛"，无法回收再利用。可火箭毕竟不同于爆竹，它造价高昂，如能回收，就可以极大地节约成本。截至目前，火箭回收已经有过几个成功的案例。

除了以上这些，他还开展了移民火星的研究。他希望21世纪可以移民200万的人口到火星上。

我们前面提到过，火星虽然离地球很近，也可能存在液态水，但还是有很多不利的因素需要克服。比如说，火星的温度很低，大气的成分和地球差异很大。那么我们人类要想往火星移民，就要先解决这些问题。

不过从理论上来看，移民火星还是有一定可行性的。我们这里简单地分析一下。

火星距离太阳2.2亿多千米，折合1.52个天文单位，或者说是1.52个地球到太阳的距离。根据开普勒定律，火星绕行太阳公转的周期的二次方，跟它与太阳之间的距离的三次方成正比。由此可以得出，一个火星年大约是 1.88 个地球年，也就是 500 多天。而火星上的一天只比地球略长一点，大约是 24 小时 30 分。在这些方面，火星跟地球还是比较接近的。

移民火星需要解决的第一个问题就是火星的大气问题。火星上的大气压大约只有地球的 1%，且大气中的二氧化碳含量超过 95%。虽说二氧化碳有助于温室效应，将火星的平均气温拉高了 5 度左右，但即便如此，也依然只有零下六十几度。而地球的平均温度大约是 15℃。所以，我们不仅要提高火星的大气浓度，还要把火星的大气温度提高 70 度左右。换算成绝对温度来表示的话，就是要把绝对温度提高三分之一左右。要提高温度就要增强温室效应，要增强温室效应，就要提高大气对红外线的吸收率。回想一下前面讲到的计算温室效应的公式。对于火星而言，f 的数值本来就很小。要把温度提高三分之一，那么 f 的数值就要提高到 1.37，几乎是地球上的 2 倍。这可是一个非常浩大的工程。

除了提升温度，还要提升大气的含氧量。这个问题有两种解决方法。第一种是分解土壤中的氧化铁，释放出氧气。火星之所以是红色的，是因为土壤中氧化铁的含量非常高。所以制氧的原材料还是非常丰富的。但利用这种方法，需要消耗很多能量，并不是很经济。第二种方法是种植植物。我们知道，地球上的氧气很大程度上来源于植物的光合作用。但是我们也知道，地球形成到现在已有几十亿年，地球的大气组成是几十亿年演变的结果。即便我们在火星表面种满植物，要通过植物来改变火星大气中的氧气含量，至少也得等上 100 万年。

因此，虽然移民火星在理论上是有可能的，可真实施起来，却不是那么容易，需要做足方方面面的准备。

除了这些，科技的进步也会带来一系列的社会问题，比如贫富差距拉大、阶级固化等。这些问题也很重要，也需要警惕，科幻作品中也时有体现，可总归还是属于社会问题，离物理学相对较远。因此我们点到为止，不做深究。科幻中的物理学，尽管科幻，却仍是物理学。